Edward Muñoz Garro

Liderança global na era digital

Edward Muñoz Garro

Liderança global na era digital

IA, Transformação e Estratégias de Inovação

ScienciaScripts

Imprint

Cover image: www.ingimage.com

This book is a translation from the original published under ISBN 978-620-0-02619-4.

Publisher:
Sciencia Scripts
is a trademark of
Dodo Books Indian Ocean Ltd. and OmniScriptum S.R.L publishing group

120 High Road, East Finchley, London, N2 9ED, United Kingdom
Str. Armeneasca 28/1, office 1, Chisinau MD-2012, Republic of Moldova, Europe
Managing Directors: Ieva Konstantinova, Victoria Ursu
info@omniscriptum.com

Printed at: see last page
ISBN: 978-620-8-60110-2

Liderança global na era digital

IA, Transformação e Estratégias de Inovação

Por Edward Muñoz Garro

Índice

Prefácio

Vivemos numa era em que a transformação digital se tornou um eixo fundamental para definir as estratégias, a cultura e a competitividade das organizações. Ao longo do meu percurso profissional como Gestor de Projectos e especialista em tecnologia e finanças, tive a oportunidade de colaborar com várias equipas e sectores que, perante a disrupção tecnológica, tiveram de repensar a forma como operam, criam valor e se relacionam com os seus colaboradores. Este livro surge precisamente desta combinação de experiências, estudos formais e reflexões profundas que acumulei em projectos de modernização e adoção de inteligência artificial, automação e digitalização de processos.

Quando comecei a minha carreira, o ideal da transformação digital ainda era visto como uma aspiração distante, quase futurista. No entanto, a aceleração da Quarta Revolução Industrial tornou a adoção de soluções na nuvem, a implementação de metodologias ágeis e o aproveitamento de grandes volumes de dados uma responsabilidade incontornável para os líderes de hoje. Pude constatar em primeira mão como, em ambientes de alta pressão e concorrência global, a tecnologia não é apenas uma ferramenta, mas um catalisador que redefine o trabalho da organização, abre oportunidades de negócio e, ao mesmo tempo, desafia o fator humano.

Ao longo do meu trabalho em consultoria especializada - incluindo projectos de automatização financeira e modernização da cloud - tenho observado que o sucesso da transformação digital não depende exclusivamente de algoritmos ou infra-estruturas tecnológicas, mas da visão e empenho de quem lidera. Na minha experiência, aqueles que conseguem alinhar as metodologias de gestão de projectos com a cultura empresarial e os objectivos financeiros são capazes de transformar as incertezas da mudança num motor de competitividade. Isto implica a integração de elementos como a inteligência emocional, a negociação financeira e uma gestão rigorosa dos riscos.

Estas páginas analisam a forma como a inteligência artificial, a automação e a adoção de inovações estão a transformar a liderança global em contextos digitalizados. Para além da perspetiva técnica, o texto aprofunda modelos teóricos - como o modelo de difusão da inovação de Everett Rogers, a abordagem de Kurt Lewin à gestão da mudança e a visão transformacional de Bernard Bass - que fornecem um quadro sólido para compreender e orientar o impacto da tecnologia na dinâmica organizacional. É dada uma ênfase especial à intersecção entre cultura, resistência à mudança e decisões estratégicas, pois foi aqui que descobri que se tece o sucesso ou o fracasso da inovação.

A minha intenção com este livro é, em primeiro lugar, fornecer uma análise académica e actualizada dos factores subjacentes à transformação digital; e, em segundo lugar, oferecer reflexões práticas baseadas na minha própria experiência em gestão de projectos e consultoria técnico-financeira. Assim, cada capítulo é construído com base na premissa de que a tecnologia é indissociável das pessoas que a implementam e da cultura que a abraça. No mercado atual, dinâmico e exigente, são necessários líderes com uma visão global, capazes de navegar entre a inovação e a empatia, a eficiência e a ética, a rapidez e a formação contínua.

Convido-o a mergulhar nestas páginas com uma atitude analítica e curiosa, porque a transformação digital, bem gerida, pode tornar-se uma das maiores alavancas de crescimento e diferenciação. Encontrará debates sobre adaptação cultural, construção de visões partilhadas e gestão de equipas geograficamente dispersas. Também aborda os desafios e as oportunidades que a IA e a automação trazem, desde a otimização de processos até à reinvenção de funções profissionais. A minha esperança é que este livro não só explique as mudanças em curso, mas também inspire os líderes de hoje - e de amanhã - a liderar as suas organizações com competência e humanidade na era digital.

Porque a gestão de projectos e a inovação não são um fim em si mesmas, mas um caminho para organizações mais ágeis, inclusivas e sustentáveis. Para tal, apresento aqui uma visão crítica e construtiva da transformação digital, informada pela investigação académica e pela experiência no terreno. Agradeço desde já a todos os que se juntarem a mim nesta viagem, convictos de que a tecnologia e a liderança andam de mãos dadas quando procuramos um verdadeiro progresso.

Edward Muñoz Garro, MBA

Gestor de projectos | Especialista em tecnologia e finanças

Capítulo 1 - Introdução e contexto

A transformação digital tornou-se um dos fenómenos mais disruptivos e relevantes para as organizações actuais. A implementação acelerada de tecnologias como a inteligência artificial (IA), a automação e os grandes volumes de dados não só está a redefinir os processos empresariais, como também está a mudar substancialmente a forma como os líderes abordam a estratégia, a organização e a cultura empresarial. Especificamente, num mundo cada vez mais globalizado e competitivo, a liderança digital já não é opcional: tornou-se um motor fundamental da sustentabilidade e da inovação.

Este capítulo fornece uma visão geral da relevância da liderança global em ambientes altamente digitalizados. Descreve por que razão a transformação digital é uma prioridade urgente para organizações de todos os tipos, descreve os objectivos que orientam este livro e o seu enquadramento metodológico e apresenta a estrutura geral do livro. No final deste capítulo, o leitor terá um contexto claro da dinâmica entre resistência à mudança, liderança e transformação digital, que será analisada nos capítulos seguintes.

1.1 Justificação

1.1.1 Importância da transformação digital para a liderança global

No atual mundo empresarial em constante mudança, a tecnologia surgiu como um fator determinante da competitividade das organizações e do desempenho dos seus líderes. De acordo com a Deloitte Insights (2020), os gestores que impulsionam a adoção de tecnologias emergentes tendem a gerar níveis mais elevados de inovação e resiliência nas suas empresas, especialmente em ambientes de incerteza. Por outro lado, relatórios como o "Global Technology Governance Report 2021" (2021a) do Fórum Económico Mundial destacam como a digitalização, acelerada na sequência da pandemia da COVID-19, alterou não só o funcionamento interno das empresas, mas também a natureza do trabalho e as dinâmicas de colaboração.

Nesta perspetiva, a liderança global na era digital não se limita a compreender a tecnologia, mas envolve também a capacidade de deslocar recursos e equipas através de múltiplas geografias e culturas, promovendo a adoção de ferramentas tecnológicas e fomentando a integração de diversas perspectivas. O aumento da automatização e da IA também gerou um debate contínuo sobre o papel da inteligência emocional, da criatividade e da ética na tomada de decisões. Enquanto o líder tradicional se concentrava principalmente na supervisão de tarefas, o líder digital é obrigado a integrar competências tecnológicas e aptidões interpessoais avançadas para garantir a coerência da sua visão estratégica.

Do mesmo modo, Cortellazzo et al. (2019) comparam a perturbação provocada pela digitalização à revolução provocada pela imprensa móvel na altura. Tal como a imprensa democratizou a informação e transformou o acesso ao conhecimento, a digitalização atual redefine a forma como comunicamos, produzimos e colaboramos. Neste contexto, a figura do líder torna-se relevante, uma vez que influencia diretamente a cultura organizacional e a vontade de inovar das equipas.

1.1.2 Relevância na Quarta Revolução Industrial

A chamada Quarta Revolução Industrial, ou Indústria 4.0, caracteriza-se pela convergência de tecnologias físicas, digitais e biológicas, conduzindo a grandes transformações nas cadeias de valor das organizações (Fórum Económico Mundial, 2021b). Os agentes de mudança incluem a inteligência artificial, a robótica avançada, a Internet das coisas (IoT), a aprendizagem automática e a análise de grandes volumes de dados. Para além dos aspectos técnicos, este fenómeno levanta desafios éticos, sociais e humanos.

Como referem Mendenhall et al. (2012), os líderes globais são desafiados a liderar equipas multiculturais e geograficamente dispersas. Estas exigências são agora agravadas pela necessidade de compreender e gerir a adoção de ferramentas tecnológicas que aceleram os processos, mas que, por sua vez, geram incerteza e resistência entre o pessoal. Além disso, o défice de competências digitais torna-se um obstáculo à implementação efectiva da transformação, exigindo esforços de formação e apoio por parte dos líderes.

Consequentemente, a relevância da liderança na Quarta Revolução Industrial transcende a simples adoção de inovações: implica uma mudança de mentalidade organizacional que integre a agilidade, a inclusão, a sustentabilidade e a transparência ética na estratégia empresarial. Este cenário reforça a necessidade de aprofundar a relação entre a transformação digital e a liderança global e justifica um estudo detalhado dos factores que promovem ou dificultam a adoção efectiva da tecnologia.

1.2 Objectivos e âmbito do trabalho

1.2.1 Objetivo geral e objectivos específicos

O objetivo deste livro é analisar em profundidade a forma como a inteligência artificial, a automação e outras tecnologias emergentes influenciam a redefinição da liderança global em ambientes empresariais digitalizados. A partir deste objetivo geral, foram delineados vários objectivos específicos para orientar a discussão:

1. **Examinar** a forma como as tecnologias digitais expandem as competências e capacidades dos líderes, alterando os seus papéis e métodos de liderança.
2. **Avaliar** o impacto da IA e da automatização na tomada de decisões estratégicas, considerando tanto os benefícios (eficiência, exatidão) como os riscos (desumanização, dependência algorítmica).
3. **Identificar** os desafios e as resistências que surgem quando se implementam mudanças tecnológicas significativas, explorando estratégias para os ultrapassar com base nas teorias da mudança organizacional e da adoção da inovação.
4. **Propor** diretrizes e melhores práticas que integrem competências digitais, inteligência emocional e liderança ética na era da automatização e dos grandes volumes de dados.

Esta abordagem procura fornecer uma visão crítica e prática a gestores, consultores, estudantes e investigadores que desejem compreender como capitalizar as oportunidades da digitalização, atenuando simultaneamente os seus potenciais efeitos adversos no capital humano e na cultura organizacional.

1.2.2 Questões de investigação

A fim de alinhar os objectivos específicos com a investigação, são formuladas as seguintes questões-chave

- Como é que a IA e a automatização influenciam a distribuição das responsabilidades e a definição dos papéis de liderança?
- Como é que a inteligência emocional é integrada nas decisões empresariais à medida que a análise de dados e os algoritmos se tornam mais proeminentes?
- Que modelos de liderança se revelaram mais eficazes em contextos de transformação digital acelerada e porquê?
- Como é que a resistência à mudança pode ser ultrapassada nas organizações em que a digitalização ameaça a estabilidade de algumas funções?
- Quais são as implicações éticas e de responsabilidade social da automatização de processos e da delegação de decisões em sistemas de IA?

Estas questões servirão de fio condutor ao longo do livro, ligando o enquadramento teórico aos estudos de caso e às reflexões finais.

1.3 Estrutura do livro

Para atingir estes objectivos, o livro está organizado em capítulos que combinam a fundamentação teórica, a discussão crítica e a aplicação prática:

1. **Capítulo 1. Introdução e Contexto** Apresenta a justificação do tema, a importância da transformação digital na liderança global, os objectivos e as questões de investigação. Inclui também a abordagem metodológica adoptada.
2. **Capítulo 2: Fundamentos teóricos e modelos-chave** Analisa os principais quadros conceptuais que sustentam o estudo: o Modelo de

Adoção da Inovação de Everett Rogers, a Teoria da Mudança Organizacional de Kurt Lewin e o Modelo de Liderança Transformacional de Bernard Bass. Examina a forma como estas teorias fornecem informações sobre a difusão da tecnologia, a gestão da mudança e o papel do líder como agente de transformação.

3. **Background to Digital Transformation and Global Leadership** Explora a evolução histórica da digitalização, as tendências recentes identificadas por consultores e instituições internacionais (Deloitte Insights, Fórum Económico Mundial) e a forma como os líderes enfrentaram os desafios emergentes. Defende a razão pela qual é fundamental que a liderança analise estas mudanças.
4. **Capítulo 4 - Inteligência Artificial e Automatização: Impactos na Tomada de Decisões** Analisa mais pormenorizadamente a forma como a IA e a automatização alteram o processo de tomada de decisões nas organizações, destacando tanto os seus benefícios como os potenciais riscos. São discutidos exemplos de sectores em que as máquinas já substituíram ou complementaram a intervenção humana.
5. **Capítulo 5 - Competências de Liderança Digital e Adaptabilidade** Identifica as competências digitais e relacionais que permitem ao líder tirar partido das ferramentas tecnológicas sem perder de vista a relevância da dimensão humana. Destaca a importância da inteligência emocional, da comunicação virtual e da adaptabilidade.
6. **Capítulo 6 - Resistência à mudança e transformação organizacional** Examina a resistência à mudança, uma das barreiras mais frequentes à digitalização. As fases de descongelamento, mudança e recongelamento propostas por Kurt Lewin são tomadas como referência, bem como estratégias concretas para gerir a incerteza e o medo que a adoção tecnológica pode gerar.
7. **Capítulo 7 - Integrar as pessoas e a tecnologia: Liderança híbrida** Analisa a necessidade de alcançar uma convergência equilibrada entre as competências tecnológicas e humanas, salientando o papel da empatia, da ética, da criatividade e da visão partilhada.

8. **Capítulo 8: Estratégias e ferramentas para a transformação digital** Fornece modelos, metodologias e orientações práticas para a condução e avaliação de iniciativas de transformação digital, abordando a cibersegurança, a aprendizagem contínua e a cultura organizacional.
9. **Capítulo 9: Estudos de casos e lições aprendidas** Apresenta exemplos de empresas, como a General Electric e a Ford, que implementaram grandes transformações digitais. Os seus êxitos e fracassos são analisados à luz dos quadros conceptuais apresentados.
10. **Capítulo 10: Desafios futuros e tendências emergentes** Reflecte sobre as áreas de oportunidade e as ameaças que se avizinham a médio e longo prazo, incluindo a robótica colaborativa, a ética algorítmica, o metaverso e as novas exigências formativas da liderança digital.
11. **Conclusões gerais e recomendações** Resume os resultados mais relevantes e propõe linhas de ação concretas para gestores, investigadores e decisores que procuram alinhar a transformação digital com o desenvolvimento organizacional sustentável.

1.4 Abordagem metodológica

1.4.1 Âmbito e perspetiva da investigação

Este artigo foi desenvolvido sob uma abordagem qualitativa e de âmbito teórico, com o objetivo de analisar a forma como a inteligência artificial e a automação estão a redefinir a liderança global em organizações altamente digitalizadas. A ênfase é colocada na revisão da literatura e na análise de casos reais, de modo a identificar padrões comuns na adoção de inovações tecnológicas e na gestão da mudança organizacional.

1.4.2 Unidades de análise e fontes consultadas

As unidades de análise incluíam:

- Trabalhos académicos (artigos científicos, capítulos de livros) e publicações institucionais (relatórios Deloitte, Fórum Económico Mundial).

- Estudos de casos de empresas que passaram por processos de transformação digital, destacando-se os da General Electric e da Ford pelo seu âmbito e complexidade.
- Principais referências teóricas: Modelo de Adoção da Inovação de Everett Rogers, Teoria da Mudança Organizacional de Kurt Lewin e Modelo de Liderança Transformacional de Bernard Bass.

As principais bases de dados para a localização da literatura foram a JSTOR, a PubMed e o Google Scholar, aplicando equações de pesquisa que combinavam termos-chave como "liderança global", "inteligência artificial", "transformação digital" e "resiliência à mudança". Além disso, foram utilizados filtros de citação e relevância para dar prioridade a estudos recentes.

1.4.3 Técnicas de recolha e tratamento de dados

1. **Revisão sistemática da literatura**: foram identificados e analisados artigos que abordam direta ou tangencialmente a relação entre tecnologia e liderança, bem como relatórios de organizações internacionais e consultores de renome.
2. **Análise qualitativa de conteúdo**: foi adoptada uma abordagem indutiva para classificar os resultados e relacioná-los com os modelos teóricos selecionados.
3. **Contraste com estudos de caso**: foram analisados relatórios e experiências de empresas em processo de digitalização, centrando-se nas estratégias de liderança e de gestão da mudança aplicadas.

Este procedimento metodológico permitiu tirar conclusões com base numa variedade de fontes, assegurando tanto a profundidade teórica como a relevância prática dos resultados.

Capítulo 2: Fundamentos teóricos e modelos-chave

A transformação digital não pode ser totalmente compreendida sem analisar a forma como as inovações são adoptadas nas organizações, como os processos de mudança são geridos e qual o papel que a liderança desempenha na motivação e orientação das equipas. Para tal, este capítulo analisa três modelos teóricos que fornecem um quadro analítico robusto: o Modelo de Adoção da Inovação de Everett Rogers, a Teoria da Mudança Organizacional de Kurt Lewin e o Modelo de Liderança Transformacional de Bernard Bass. Estas abordagens permitem-nos compreender, de diferentes ângulos, como a tecnologia influencia a dinâmica organizacional e como os líderes podem orquestrar com êxito uma mudança significativa.

2.1 Modelo de Adoção da Inovação de Everett Rogers

2.1.1 Origens e fundamentos

O Modelo de Adoção de Inovações proposto por Everett Rogers (2003) tem sido amplamente reconhecido como uma das pedras angulares para a compreensão da difusão de novas ideias, produtos ou tecnologias em diferentes contextos sociais e organizacionais. Rogers postula que a adoção de inovações ocorre através de um processo em que diferentes segmentos da população - ou da organização - (inovadores, early adopters, maioria inicial, maioria tardia e retardatários) exibem diferentes atitudes e comportamentos quando adoptam uma novidade.

Esta abordagem destaca factores como:

- **Vantagem relativa**: em que medida a inovação é considerada pelos potenciais utilizadores como oferecendo benefícios superiores às práticas ou tecnologias anteriores.
- **Compatibilidade**: a medida em que a inovação se adapta aos valores, experiências e necessidades da organização.
- **Complexidade**: a facilidade ou dificuldade de compreender e utilizar a nova tecnologia ou procedimento.

- **Observabilidade**: quão visível é a utilidade da inovação para os outros.
- **Possibilidade** de ensaio: a possibilidade de testar a inovação em pequena escala antes da sua implantação generalizada.

2.1.2 Contributos críticos e análises

Rogers et al. (2005) e estudos subsequentes defendem que as organizações podem ser vistas como sistemas adaptativos complexos, nos quais a difusão de inovações não é apenas impulsionada pela comunicação formal, mas também por interações informais, percepções partilhadas e dinâmicas culturais internas. Neste sentido, a liderança desempenha um papel fundamental no incentivo ou inibição da adoção, definindo prioridades estratégicas, atribuindo recursos e moldando atitudes em relação à inovação.

- **Vanderslice (2000)** analisa criticamente a forma como a extensa síntese de Rogers pode ser aplicada a vários domínios académicos, desde a pedagogia à gestão de projectos.
- **Hoffmann (2007)**, por seu lado, faz uma retrospetiva das cinco edições da obra original, salientando a forma como Rogers evoluiu de uma ênfase sociológica inicial para a consideração da complexidade dos sistemas e dos padrões de resiliência.

2.1.3 Relevância para a transformação digital

No contexto da transformação digital, o modelo de Rogers ajuda a compreender por que razão algumas organizações são rápidas a adotar tecnologias como a inteligência artificial e a automatização, enquanto outras são cépticas ou atrasam o processo. Também explica como a resistência à mudança pode surgir se a inovação for considerada complexa, incompatível com a cultura existente ou de benefício incerto.

Além disso, van Oorschot et al. (2018) salientam que a adoção de inovações digitais é afetada por factores como a infraestrutura tecnológica, a vontade de investir em formação e a visão estratégica da gestão de topo. Portanto, a tarefa do líder é facilitar o processo de difusão, alocando recursos, promovendo a experimentação controlada e comunicando de forma transparente os benefícios esperados da inovação.

2.2 A Teoria da Mudança Organizacional de Kurt Lewin

2.2.1 Estrutura concetual: descongelamento, comutação, recongelamento

A Teoria da Mudança Organizacional de Kurt Lewin é uma das abordagens pioneiras para explicar como as organizações passam de um estado atual para um estado futuro desejado. Lewin (1951) descreve a mudança como um processo em três fases:

1. **Descongelamento**: O status quo é questionado e é criada uma consciência da necessidade de mudança, quebrando rotinas enraizadas.
2. **Mudança (ou transição)**: São introduzidas novas práticas, valores ou tecnologias que exigem o envolvimento de pessoas e a aquisição de diferentes competências.
3. **Recongelamento**: A inovação ou o novo estado é consolidado e estabilizado, incorporando-se na cultura e nas estruturas da organização.

Embora o modelo de Lewin tenha sido criticado por ser linear e não refletir a complexidade dos ambientes actuais, Endrejat & Burnes (2024) argumentam que os seus fundamentos ainda são relevantes na Quarta Revolução Industrial, fornecendo um quadro básico para a compreensão da dinâmica da resistência e da aceitação, bem como a importância do reforço e do feedback contínuo.

2.2.2 Aplicação na transformação digital

Nos processos de transformação digital, o descongelamento implica sensibilizar a organização para a urgência de adotar a IA ou a automatização. Muitas vezes, a resistência reside no medo da deslocação do emprego ou na incerteza quanto às competências necessárias. O líder deve articular a razão pela qual a mudança é necessária e qual é o objetivo estratégico da adoção de tecnologia.

Durante a fase de mudança, a formação, a comunicação fluida e a participação ativa dos trabalhadores são essenciais. Aqui, o líder que aplica a liderança transformacional, ouvindo as suas equipas e respondendo às suas preocupações, tenderá a conseguir um maior envolvimento. Finalmente, a fase de recongelamento refere-se à estabilização das práticas digitais, à criação de protocolos e à avaliação constante dos resultados, para que o novo comportamento se torne parte da cultura da empresa.

2.2.3 Sinergia com outros modelos

Quando a teoria de Lewin é combinada com o modelo de Rogers, é possível compreender tanto o processo de mudança organizacional como a difusão da inovação a nível individual e coletivo. O líder pode então conceber estratégias adaptadas à fase de adoção em que os empregados se encontram, utilizando simultaneamente as fases de Lewin para gerir as transições e reduzir a resistência.

2.3 Modelo de Liderança Transformacional de Bernard Bass

2.3.1 Conceito e evolução

O Modelo de Liderança Transformacional, proposto pela primeira vez por James MacGregor Burns (1978) e desenvolvido por Bernard Bass (1985), descreve um estilo de liderança em que o líder inspira, motiva e encoraja os seguidores a identificarem-se e a comprometerem-se com uma visão transcendente. Bass e Avolio (1994) descrevem em pormenor as quatro componentes fundamentais deste tipo de liderança:

1. **Carisma ou influência idealizada**: O líder projecta integridade e confiança, tornando-se uma referência moral e profissional.
2. **Motivação inspiradora**: O líder articula uma visão atraente e convincente, gerando entusiasmo e um sentido de objetivo coletivo.
3. **Estimulação intelectual**: Encoraja a criatividade e o pensamento crítico, desafiando os pressupostos e promovendo a inovação.
4. **Consideração individual**: Prestar atenção às necessidades e aspirações pessoais de cada funcionário, oferecendo orientação e aconselhamento.

2.3.2 Relevância em ambientes digitais

Na era da transformação digital, o líder transformacional assume um papel fundamental:

- **Impulsiona a mudança**: Ao projetar uma visão clara do modo como a tecnologia pode melhorar a eficiência e a competitividade, mobiliza a organização para abraçar a inovação.
- **Gerir a incerteza**: através da motivação inspiradora e da consideração individualizada, atenua o receio de substituição do posto de trabalho ou de perturbação dos processos tradicionais.
- **Promove a criatividade e a experimentação**: Se os trabalhadores se sentirem apoiados, estarão mais dispostos a assumir riscos, a propor melhorias e a adaptar-se às mudanças tecnológicas.

De acordo com Deng et al. (2023), a liderança transformacional está positivamente relacionada com a atitude face à adoção da IA, uma vez que a comunicação inspiradora e a empatia facilitam a aceitação de soluções digitais. Além disso, Bass e Riggio (2006) argumentam que ambientes altamente complexos exigem líderes que integrem o aspeto humano com a inovação tecnológica.

2.3.3 Integração com a adoção da inovação e a gestão da mudança

A combinação do modelo de liderança transformacional com os modelos de Rogers e Lewin proporciona uma perspetiva holística dos processos de transformação digital. A liderança transformacional actua como um catalisador para que a inovação (Rogers) se propague mais rapidamente e para que as pessoas passem pelas fases de mudança com menos resistência (Lewin). Assim, o líder não só introduz a tecnologia, como também promove um ambiente propício à experimentação e à co-criação.

2.4 Convergência de modelos e sua relevância na era digital

Os modelos de Rogers, Lewin e Bass não funcionam de forma isolada. Pelo contrário, cada um deles abrange um nível diferente do fenómeno da transformação digital:

- **Difusão individual e colectiva da inovação (Rogers)**: explica como e por que razão os indivíduos e os grupos decidem adotar ou rejeitar uma tecnologia.
- **Gestão da mudança organizacional (Lewin)**: Dá ênfase aos macroprocessos de transição cultural e estrutural, ilustrando como a mudança é implementada e consolidada na organização.
- **Papel do líder como facilitador da mudança e da inovação (Bass)**: Destaca as qualidades e estratégias que os líderes devem utilizar para alinhar as pessoas com a visão e gerar um empenhamento profundo.

Nos ambientes digitais, a sinergia destas três abordagens facilita a compreensão e a gestão de cenários complexos: desde a primeira fase de consciencialização da necessidade de transformação, até à consolidação das novas tecnologias na cultura organizacional. A liderança surge como o fio condutor que favorece a adoção harmoniosa da inovação (Rogers), a gestão eficaz do processo de mudança (Lewin) e a inspiração e motivação constantes (Bass).

2.5 Capítulo Reflexões

Os fundamentos teóricos de Rogers, Lewin e Bass revelam que, por detrás de qualquer salto tecnológico ou disruptivo, existem dinâmicas humanas e culturais que ditam o verdadeiro ritmo da mudança. Não se trata apenas de introduzir uma inovação ou de redefinir processos; a verdadeira diferença reside na forma como a liderança mobiliza - ou não - as energias colectivas para uma nova realidade.

Este capítulo recorda-nos que a resistência à mudança, um fenómeno que frequentemente frustra os gestores, não é um obstáculo intransponível, mas um sinal de que é necessária uma maior empatia, uma melhor comunicação e uma visão partilhada. E é aqui que a liderança transformacional, baseada na inspiração e na consideração individual, pode fazer florescer a motivação de pessoas que não se viam a si próprias como inovadoras.

À medida que avançamos para a Quarta Revolução Industrial, surge uma certeza: o sucesso da transformação digital depende tanto da robustez técnica de uma ferramenta como da capacidade de um líder para fomentar a curiosidade e o envolvimento da sua equipa. Em última análise, quando falamos em disseminar a IA ou a automação, estamos a falar em cultivar a confiança daqueles que irão interagir com estas tecnologias no dia a dia, seja na sala de reuniões ou na linha de produção.

Assim, esta parte teórica, longe de ser uma simples revisão de quadros conceptuais, torna-se um mapa para que cada líder ou profissional reconheça em que ponto se encontra a sua organização e que tipo de intervenção é necessária. Para os próximos capítulos, o convite é à reflexão:

- Como estão a ser geridas as fases de mudança no meu ambiente?
- Em que fase de adoção da inovação se encontram os meus trabalhadores?
- De que forma estou a fomentar - ou a limitar - a criatividade e a confiança necessárias à experimentação?

As respostas a estas questões traçam o roteiro para fazer da transformação digital um catalisador de oportunidades e não apenas uma imposição tecnológica. Nos próximos capítulos, veremos como esta dinâmica tem sido vivida em casos reais e que estratégias concretas podem ser utilizadas para alinhar a visão empresarial com o desenvolvimento humano e o potencial infinito da inovação.

Capítulo 3: Antecedentes da transformação digital e da liderança global

Atualmente, a transformação digital tornou-se um processo contínuo que integra a adoção de tecnologias disruptivas, a reformulação de modelos de negócio e a transformação cultural nas organizações. Compreender as suas raízes históricas, os motores da Quarta Revolução Industrial e o panorama de oportunidades e desafios daí resultante é vital para explicar como a liderança global está a ser forçada a reinventar-se e a assumir competências cada vez mais complexas.

3.1 Da automatização inicial à IA: uma breve evolução histórica

3.1.1 Automatização precoce e eletrificação de processos

Os primeiros esforços de digitalização das empresas surgiram em meados do século XX, quando a automatização inicial se centrava na substituição de tarefas manuais repetitivas por mecanismos eléctricos e mecânicos, principalmente na indústria. O advento dos robôs nas linhas de produção reduziu os erros e os custos, dando início a uma nova era de otimização nos sectores da indústria transformadora.

- **Exemplo clássico**: A adoção de braços robóticos na indústria automóvel permitiu a produção de grandes volumes com uniformidade e maior controlo de qualidade.
- **Limitações**: Estes sistemas ofereciam pouca flexibilidade e exigiam frequentemente investimentos muito elevados, criando um fosso entre a produção - altamente automatizada - e as áreas de apoio ou administrativas - menos digitalizadas.

3.1.2 A informatização e o surgimento das redes

O advento dos computadores mainframe e a expansão das redes locais (LANs) foram um marco na informatização de diversas áreas das empresas: contabilidade, folha de pagamento, inventários, entre outras. Esta situação lançou as bases para a digitalização em massa, uma vez que as bases de dados e os processos internos começaram a ser consolidados em sistemas de planeamento de recursos empresariais (ERP).

- **Profissionalização das funções**: Surgem os administradores de sistemas e os analistas de dados, que mantêm e gerem a informação empresarial.
- **Abordagem estratégica**: Os computadores deixam de ser simples máquinas de computação para se tornarem nós de **comunicação e integração**, abrindo caminho à colaboração interdisciplinar e ao fluxo de dados em tempo real.

3.1.3 Convergência digital: Internet e serviços Web

Os anos 90 e os primeiros anos do novo século foram marcados pela explosão da Internet e pela proliferação dos serviços Web. O acesso global à informação e a conetividade contínua permitiram novas formas de colaboração, a emergência de modelos de negócio digitais (comércio eletrónico, SaaS, etc.) e uma maior compreensão da tecnologia como um fator-chave de competitividade.

- **Transformação de valor**: A experiência do cliente e a inovação contínua tornaram-se factores-chave de diferenciação.
- **Mudanças culturais**: As grandes e pequenas organizações começaram a optar por estruturas mais planas e flexíveis, orientadas para a integração da tecnologia em todas as áreas.

3.1.4 A ascensão da Inteligência Artificial

Com o surgimento da computação em nuvem e a disponibilidade de algoritmos de aprendizagem automática, a IA expandiu-se da investigação académica para os domínios empresarial e governamental. As empresas descobriram o poder preditivo e analítico da IA, o que levou a avanços significativos nas recomendações personalizadas, na deteção de fraudes e na otimização dos processos logísticos.

- **Mudança profunda**: a IA não só simplifica as tarefas, como também analisa padrões complexos, antecipa cenários e reduz a incerteza.

- **Requisitos de liderança**: A integração da IA na estratégia empresarial exige líderes capazes de interpretar a tecnologia e orientar o desenvolvimento de competências na força de trabalho, promovendo a adaptação e a inovação.

3.2 Factores impulsionadores da Quarta Revolução Industrial

A chamada Quarta Revolução Industrial é definida pela interconexão de tecnologias como a Internet das coisas (IoT), a robótica colaborativa, a computação em nuvem e a inteligência artificial. De acordo com o Fórum Económico Mundial (2021), estes são alguns dos principais motores:

- Acesso em massa às infra-estruturas tecnológicas
    - A computação em nuvem e as assinaturas baseadas na utilização tornaram mais barata a entrada em tecnologias de ponta, permitindo que tanto as PME como as grandes empresas as adoptem.
- Dataficação extrema
    - A recolha e a análise de dados em volumes gigantescos (big data) tornaram-se a espinha dorsal da tomada de decisões estratégicas.
- Evolução da robótica e da automatização
    - Robôs cada vez mais inteligentes, capazes de trabalhar em equipa com os seres humanos e de se adaptarem rapidamente às mudanças na procura ou no ambiente.
- Necessidade de resiliência e agilidade
    - A volatilidade económica e a concorrência global exigem estruturas organizacionais que respondam rapidamente a cenários de mudança, incentivando a adoção de modelos ágeis e uma liderança flexível.

Estas transformações tecnológicas e organizacionais conduzem, por sua vez, à reconfiguração da cultura empresarial, que é discutida em mais pormenor nas secções seguintes.

3.3 O panorama atual: oportunidades e desafios

A transformação digital abre uma série de oportunidades, mas, ao mesmo tempo, coloca desafios significativos. Esta dualidade exige que os líderes tenham uma visão que **maximize** os benefícios e **mitigue** os riscos.

3.3.1 Oportunidades

1. Inovação em produtos e serviços
   - A IA e a automatização permitem a conceção de soluções à medida do cliente, promovendo a sua fidelização e alargando a oferta da empresa.
   - A digitalização acelera a colaboração cruzada, estimulando a criatividade e a emergência de novos modelos de negócio.
2. Melhoria da competitividade em mercados voláteis
   - A análise de dados em tempo real facilita uma adaptação ágil às alterações da procura, optimizando a gestão da cadeia de abastecimento.
   - As empresas mais pequenas e as empresas em fase de arranque podem competir com os gigantes estabelecidos se tiverem acesso às mesmas infra-estruturas tecnológicas.
3. Aumentar a eficiência operacional
   - A automatização de tarefas repetitivas ou manuais reduz os erros e os custos, enquanto o talento humano se concentra em tarefas de maior impacto.
   - As ferramentas de colaboração e as plataformas virtuais eliminam as barreiras geográficas, promovendo a proximidade das equipas dispersas e a otimização dos recursos.

3.3.2 Desafios

1. Fosso digital e inclusão
   - Nem todos os empregados têm o mesmo nível de literacia digital. A formação contínua e os planos de desenvolvimento profissional

são essenciais para garantir que a tecnologia é inclusiva e não discriminatória.

  - Cortellazzo et al. (2019) destacam que a digitalização gera mudanças de identidade nos perfis profissionais, pelo que é necessária uma liderança empática para acompanhar as equipas nestes processos de transição.

2. Cibersegurança e governação tecnológica
   - Quanto mais ligada estiver a organização, maior será a superfície de ataque. Os líderes devem defender a adoção de políticas de segurança sólidas e a sensibilização para as boas práticas.
   - O Fórum Económico Mundial propõe abordagens de governação que visam a segurança e a sustentabilidade do ecossistema digital.
3. Resistência à mudança e efeitos laborais
   - Algumas tarefas tornam-se obsoletas com a automatização, criando medo do desemprego e tensões internas.
   - A comunicação clara dos objectivos, o apoio à reconversão de competências e a inclusão da mão de obra na tomada de decisões ajudam a atenuar os receios.
4. Evolução dos quadros regulamentares
   - A inteligência artificial e a utilização maciça de dados levantam questões éticas e jurídicas (privacidade, propriedade intelectual, preconceitos algorítmicos).
   - Na ausência de regulamentação globalmente uniforme, as organizações devem auto-regular-se e seguir as melhores práticas internacionais para evitar dilemas de reputação ou sanções.

3.4 O papel da liderança global na era digital

Neste ambiente altamente competitivo e em rápida mudança, a liderança torna-se o elemento essencial da transformação digital. Não basta dispor de tecnologias avançadas ou de grandes orçamentos; a cultura, a motivação e a estratégia conduzidas pelos líderes fazem a diferença entre o sucesso e o atraso.

1. Visão e estratégia
   - O líder define o roteiro da digitalização, estabelecendo prioridades para os projectos e assegurando que a abordagem tecnológica está alinhada com os objectivos gerais da organização.
   - De acordo com a **Deloitte Insights (2020)**, os líderes tecnológicos com assento nos comités do conselho de administração contribuem para uma adaptação mais fácil e uma inovação contínua.
2. Gestão da mudança e comunicação
   - Explicar não só "que" tecnologia está a ser adoptada, mas também "porquê" e "para quê" está a ser adoptada é essencial para contrariar a resistência à mudança.
   - Um estilo de liderança transformacional motiva e acompanha os funcionários, reduzindo a ansiedade face à automatização.
3. Desenvolvimento de talentos e competências
   - A digitalização acelera a obsolescência de algumas competências, tornando a formação e a tutoria estratégicas.
   - O líder estimula a curiosidade, a abertura à aprendizagem e a emergência de equipas multidisciplinares que compreendem a tecnologia e as suas implicações.
4. Ética e sustentabilidade
   - A transformação digital pode conduzir à exclusão ou exacerbar preconceitos se não for tratada de forma responsável.
   - Os líderes mundiais estão a garantir a implementação da transparência e da equidade na utilização dos dados, tendo em conta a sua influência na reputação da empresa e na confiança dos clientes.

3.5 Ajustar a cultura organizacional para a transformação

A cultura organizacional funciona como a matriz que abraça a transformação digital. Quando existe uma cultura de colaboração e de aprendizagem contínua, a adoção da IA e de outros avanços tecnológicos é facilitada e melhorada.

1. Espaços experimentais
   - Os pilotos controlados e os laboratórios de inovação oferecem oportunidades para testar novas ferramentas, incentivando a criatividade e aprendendo com os erros.
   - Esta abordagem reforça a confiança da equipa e reduz a resistência a uma mudança mais ampla.
2. Inclusão tecnológica
   - Planos de formação adaptados a diferentes perfis e percursos profissionais.
   - Programas de tutoria para o pessoal com menos exposição às tecnologias emergentes, evitando a fragmentação interna da cultura.
3. Valores e princípios éticos
   - Integrar a proteção de dados, a cibersegurança e a responsabilidade social na missão e na visão da organização.
   - Ter em conta as diretrizes internacionais ou os regulamentos próprios que regem as relações da empresa com a sociedade e o ambiente.
4. Participação e co-criação
   - Equipas multidisciplinares, representativas das diferentes áreas da empresa, geram soluções mais adaptadas às necessidades reais.
   - O envolvimento dos parceiros na definição de prioridades e na avaliação tecnológica alinha a estratégia com o empenho do pessoal.

3.6 Breve reflexão pessoal: Convergência entre tecnologia e finanças

No meu papel de gestor de projectos e consultor especializado em tecnologia e finanças, descobri que a adoção de tecnologia tropeça muitas vezes mais em concepções culturais ou na falta de visão estratégica do que em obstáculos técnicos. Nos projectos de automatização financeira, por exemplo, a utilização de algoritmos de IA permite obter eficiências notáveis nas estimativas e previsões; no entanto, o verdadeiro sucesso só acontece quando as equipas compreendem o objetivo subjacente à inovação e se sentem protagonistas da transformação, e não meros executores de um mandato superior.

Esta experiência coincide com os contributos de Cortellazzo et al. (2019), que sublinham a dimensão identitária da mudança digital e a importância de os líderes fomentarem a confiança e um discurso de crescimento partilhado. Nesta perspetiva, a tecnologia atua como um facilitador da competitividade e da resiliência, mas sem uma liderança global inclusiva, o seu impacto dilui-se ou pode mesmo gerar um clima de incerteza que boicota a própria inovação.

3.7 Transição para o próximo capítulo

O percurso histórico e os motores da Quarta Revolução Industrial, juntamente com as oportunidades e os desafios identificados, ilustram a amplitude e a complexidade da transformação digital. Não se trata apenas de implementar soluções tecnológicas, mas também de redesenhar a cultura, os processos e as competências. Neste cenário, a liderança global torna-se o elemento fundamental que facilita ou dificulta a adoção da inovação.

No Capítulo 4, exploraremos mais pormenorizadamente a forma como a inteligência artificial e a automação têm um impacto direto na tomada de decisões estratégicas e como estas mudanças se relacionam com os modelos teóricos de adoção da inovação (Rogers), gestão da mudança (Lewin) e liderança transformacional (Bass). Estes quadros fornecerão uma perspetiva sólida para aprofundar a nossa compreensão dos mecanismos que tornam a mudança tecnológica sustentável e humana nas organizações.

Capítulo 4 - Inteligência artificial e automatização: impacto na tomada de decisões

A inteligência artificial (IA) e a automação já não são conceitos distantes, tendo-se tornado uma parte essencial da transformação digital nas organizações. Estes avanços não só têm impacto na eficiência operacional, como também redefinem a tomada de decisões estratégicas e alteram a forma como os líderes orientam as suas equipas e gerem a mudança. Este capítulo examina o âmbito e a influência destas tecnologias no planeamento empresarial, identifica desafios e considerações éticas e levanta implicações concretas para a liderança na era digital.

4.1 Definições e âmbito de aplicação

4.1.1 Inteligência artificial

A inteligência artificial (IA) pode ser entendida como a capacidade de os sistemas informáticos realizarem tarefas que normalmente requerem inteligência humana, como a aprendizagem, o raciocínio e a tomada de decisões (Russell & Norvig, 2016). No domínio empresarial, esta definição traduz-se em algoritmos capazes de:

- **Aprender a partir de padrões** em grandes volumes de dados (aprendizagem automática).
- **Gerar inferências preditivas** (modelos de previsão de vendas, deteção de fraudes, otimização logística).
- **Adaptar** e aperfeiçoar os seus resultados à medida que recebem feedback (aprendizagem profunda, sistemas de recomendação).

4.1.2 Automatização

A automatização refere-se à substituição parcial ou total das tarefas humanas por sistemas tecnológicos. Trata-se de um conceito mais amplo, que vai desde a robotização física (nas linhas de montagem) até à chamada automatização de processos robóticos (RPA) no domínio dos serviços (por exemplo, fluxos de trabalho nas áreas da contabilidade ou do atendimento ao cliente). Em contraste com a IA, que se baseia na capacidade de aprender e analisar dados, a automatização centra-se mais na execução sistemática de processos repetitivos a .

4.1.3 A convergência da IA e da automatização

Com o amadurecimento da Quarta Revolução Industrial, as organizações começaram a combinar a IA com a automação para maximizar os resultados, por exemplo:

- Análise preditiva (IA) que detecta quando é necessária uma ação e, em seguida, um processo automatizado que executa essa ação em sistemas de inventário ou de logística.
- Chatbots inteligentes que não só fornecem respostas predefinidas, mas também analisam a linguagem natural para aperfeiçoar as suas interações com o utilizador.

Esta convergência está a transformar a tomada de decisões, permitindo um nível de precisão e velocidade sem precedentes, fornecendo aos líderes informações relevantes em tempo real e simplificando a execução de iniciativas.

4.2 Otimização e tomada de decisões estratégicas

O impacto profundo que a inteligência artificial (IA) e a automação têm na tomada de decisões estratégicas dos líderes em ambientes empresariais digitalizados é notável. Estas tecnologias não só optimizam as micro-decisões e permitem decisões de maior volume e em tempo real através de algoritmos automatizados, como também melhoram a qualidade, a eficiência e a precisão da tomada de decisões (Ross & Taylor, 2021). No entanto, também apresentam riscos significativos, como a dependência excessiva de algoritmos que podem levar à desumanização de decisões críticas, em que o julgamento humano continua a ser indispensável (Chui et al., 2018).

No sector financeiro, por exemplo, a IA já está a substituir as tarefas humanas na análise de crédito e na gestão de riscos, utilizando algoritmos avançados para avaliar a solvabilidade dos clientes mais rapidamente e com maior precisão do que os métodos tradicionais. Na indústria transformadora, a automatização transformou as linhas de montagem com robots que executam tarefas repetitivas, aumentando a eficiência e reduzindo a incidência de erros (Ross & Taylor, 2021; Chui et al., 2018). O potencial destas tecnologias para transformar a estrutura organizacional e a cultura empresarial a longo prazo também deve ser considerado. A direção estratégica deve centrar-se não só na eficiência tecnológica, mas também na gestão adaptativa e resiliente do capital humano (Chui et al., 2016).

4.2.1 Transformação das micro-decisões

De acordo com Ross e Taylor (2021), a automatização pode tratar de inúmeras micro-decisões de rotina - por exemplo, aprovar facturas recorrentes ou identificar clientes com risco de crédito - libertando o tempo dos líderes para se concentrarem em decisões estratégicas. Especificamente:

- **Velocidade**: As máquinas processam grandes volumes de dados sem interrupções, gerando respostas imediatas.
- **Precisão**: Ao reduzir o fator humano em tarefas repetitivas, a probabilidade de erros é reduzida.
- **Escalabilidade**: Os sistemas automatizados podem lidar com picos de carga de trabalho com o mínimo de intervenção humana, respondendo à procura sem comprometer a qualidade.

Na prática, isto traduz-se numa menor carga operacional para as equipas de gestão, que podem dedicar a sua atenção ao planeamento de novos produtos ou serviços, às relações com os clientes e à exploração de oportunidades de negócio.

4.2.2 IA nas decisões de alto nível

A IA deu um passo em frente, fornecendo modelos de aprendizagem profunda que analisam correlações complexas em tempo real. Chui et al. (2018) demonstram como as organizações que integram a IA na sua estratégia de dados são capazes de identificar padrões discretos, obtendo vantagens competitivas na orçamentação, na segmentação do mercado e na deteção precoce de problemas operacionais. Alguns exemplos proeminentes incluem:

- **Sistemas de recomendação** em plataformas de streaming ou de comércio eletrónico, capazes de antecipar os gostos e as necessidades dos utilizadores.
- **Modelos de previsão da procura** no comércio retalhista e na indústria, que utilizam dados históricos e variáveis externas (clima, atividade económica, etc.) para otimizar os stocks e as operações.
- **Algoritmos de negociação** financeira, que funcionam em fracções de segundo, analisando uma multiplicidade de sinais de mercado.

Estes casos mostram como a IA pode apoiar os líderes em decisões críticas, proporcionando um maior grau de certeza do que os métodos tradicionais e permitindo uma reação mais ágil às mudanças no ambiente.

4.2.3 O Fator Humano: Intuição e Criatividade

Embora a IA proporcione precisão e rapidez, não pode substituir a intuição humana, a criatividade ou a visão a longo prazo que caracteriza as decisões mais importantes. Por conseguinte, surge um cenário de complementaridade:

- O líder interpreta os resultados dos algoritmos e considera as variáveis contextuais que são difíceis de modelizar nos sistemas.
- A empatia e a compreensão das dinâmicas sociais e culturais continuam a ser domínios do fator humano, essenciais para as negociações, a motivação das equipas e a liderança ética.

Em suma, a IA e a automatização melhoram a capacidade de análise e execução, mas a direção estratégica e a responsabilidade pela decisão final continuam a ser da responsabilidade da visão e do discernimento do líder.

4.3 Desafios e considerações éticas

4.3.1 Dependência algorítmica e desumanização

Um risco crítico de depositar demasiada confiança nos algoritmos é a **desumanização** das decisões que afectam as pessoas (empregados, clientes, fornecedores). Embora os modelos possam maximizar a eficiência, a **dimensão ética** exige uma avaliação:

- **Enviesamentos algorítmicos**: Se o conjunto de dados de formação não for diversificado ou estiver contaminado, as conclusões do sistema podem reproduzir discriminação ou desigualdade.
- **Falta de flexibilidade**: Um modelo pode ignorar variáveis humanas, emocionais ou contextuais que não se reflectem nos dados numéricos.

As organizações que optam por uma automatização extensiva devem sempre assegurar **a supervisão humana** para analisar os resultados e corrigir possíveis enviesamentos ou consequências não intencionais.

4.3.2 Privacidade e regulamentação

A adoção generalizada da IA e da automatização implica **um tratamento massivo de dados**. Este facto traz consigo preocupações sobre a privacidade dos dados e a cibersegurança:

- **Gestão de dados sensíveis**: bancos, hospitais e agências governamentais lidam com informações altamente confidenciais; a utilização indevida ou as fugas causam sérios danos à confiança dos utilizadores.
- **Conformidade legal**: Regulamentos como o Regulamento Geral sobre a Proteção de Dados (RGPD) na Europa, ou outros em diferentes regiões, exigem transparência, limites ao armazenamento e utilização correta dos dados pessoais.
- **Responsabilidade partilhada**: Embora os líderes devam garantir a conformidade e a ética, os departamentos de TI e o aconselhamento jurídico devem articular políticas claras para prevenir e detetar violações.

4.3.3 Impacto laboral e mudança organizacional

A automatização de tarefas repetitivas pode levar a **receios de desemprego** ou de obsolescência de certas funções. Além disso, as novas competências exigidas pela IA alteram os perfis profissionais. Este cenário exige:

- **Plano** de requalificação/atualização de competências: para que os trabalhadores desenvolvam competências digitais e assumam tarefas de maior valor acrescentado.
- **Comunicação aberta** sobre os objectivos da automatização: Explicar que a tecnologia liberta tempo para tarefas mais criativas ou analíticas reduz a resistência à mudança.
- **Reconfigurar as estruturas**: com a IA e a automatização, algumas hierarquias tradicionais estão a tornar-se mais flexíveis, dando origem a equipas ágeis e multidisciplinares que integram especialistas em ciência dos dados, engenheiros de automatização e líderes multifuncionais.

4.4 Implicações para a liderança

4.4.1 Liderança digital e gestão do conhecimento

Num ambiente em que a IA e a automatização assumem grande parte das tarefas operacionais, o líder tem de se destacar:

1. **Curadoria da informação**: Saber que dados e resultados da IA contribuem efetivamente para o objetivo estratégico.
2. **Difusão do conhecimento**: Assegurar que os conhecimentos gerados pelos algoritmos não permanecem em silos, mas são integrados na cultura da organização e nas rotinas de tomada de decisões.
3. **Promover a transparência**: Explicar como funcionam determinados modelos de IA (na medida do possível) e porque são adoptados, para que a equipa compreenda as vantagens e os limites.

4.4.2 Nova ênfase nas competências transversais

A crescente automatização coloca uma maior ênfase nas competências humanas que não podem ser programadas:

- **Inteligência emocional e empatia**: Essenciais para lidar com os receios do pessoal e criar confiança nos processos de mudança.
- **Comunicação eficaz**: Os líderes devem traduzir as conclusões da IA em planos de ação claros e alinhados com a cultura da organização.
- **Pensamento crítico**: Rever e questionar os resultados dos modelos, evitando a dependência cega de algoritmos.

4.4.3 Decisões estratégicas com equilíbrio humano-tecnológico

O papel do líder evolui para um **mediador** que combina a precisão da IA com a sensibilidade humana e a perspetiva de longo prazo. Como defendem vários estudos (Ross & Taylor, 2021; Chui et al., 2018), o maior impacto ocorre quando:

- **A IA** e a automação estão centradas na promoção da eficiência e da inovação.
- **A liderança** é responsável por orientar a adaptação cultural, formar o pessoal e garantir a ética e a sustentabilidade.

4.5 Reflexões sobre o capítulo

A incorporação da IA e da automatização representa uma mudança radical na forma como as decisões são tomadas nas organizações. Por um lado, traz velocidade e precisão; por outro, levanta questões sobre ética, o papel do talento humano e a sustentabilidade a longo prazo. Os líderes devem, por isso, adotar uma posição crítica e equilibrada: aproveitar o poder da tecnologia, preservando a essência humana que dá sentido, empatia e responsabilidade a cada escolha.

No próximo capítulo, exploraremos a forma como estas mudanças se articulam com os quadros teóricos já apresentados - Modelo de Adoção da Inovação (Rogers), Teoria da Mudança Organizacional (Lewin) e Liderança Transformacional (Bass) - para compreender por que razão a resistência à mudança, a gestão da cultura e a motivação das equipas são tão críticas para o sucesso da transformação digital. À medida que a IA e a automação consolidam a sua presença na tomada de decisões, a liderança precisará cada vez mais de competências para navegar com empatia, comunicar com transparência e garantir a sustentabilidade num ambiente dominado pela inovação implacável.

Isto reafirma que a liderança global na era digital não pode limitar-se à adoção passiva de ferramentas tecnológicas, mas deve orquestrar a convergência entre os processos automatizados e o talento humano, promovendo tanto a agilidade como a coesão e o empenho de todos os intervenientes.

Capítulo 5 - Competências de liderança digital e adaptabilidade

A transformação digital exige que os líderes tenham um novo conjunto de competências e uma mentalidade aberta à mudança contínua. Enquanto no passado bastava exercer autoridade e coordenação, na era da inteligência artificial (IA) e da automação, é necessário combinar a visão tecnológica com empatia, adaptabilidade e aprendizagem constante. Este capítulo aprofunda as competências de liderança digital que decorrem da integração da tecnologia nos processos organizacionais, dando ênfase às competências transversais, à gestão da mudança e à necessidade de promover culturas ágeis. Abordará elementos conceptuais e exemplos práticos para ilustrar como os líderes podem cultivar a adaptabilidade num ambiente empresarial em constante mudança.

5.1 Liderança digital: rumo a uma abordagem multidisciplinar

A liderança digital não se limita à posse de competências técnicas específicas, mas envolve a compreensão da tecnologia como catalisadora de processos culturais e de transformações profundas na forma de trabalhar. De acordo com Cortellazzo et al. (2019), o líder que lidera a inovação digital deve ser capaz de:

1. **Comunicar a visão** de como a tecnologia impulsiona o crescimento e a sustentabilidade.
2. **Articular os processos de adoção** (por exemplo, seguindo o modelo de difusão da inovação de Rogers).
3. **Relacionar as implicações da mudança** com o bem-estar e o desenvolvimento profissional das equipas.

Esta liderança exige a capacidade de **mobilizar recursos** - tanto financeiros como humanos - para tornar a digitalização um processo inclusivo e coerente com os objectivos estratégicos.

5.2 Competências essenciais de liderança digital

5.2.1 Visão tecnológica e curiosidade

Para orientar as organizações na era digital, os líderes precisam de ter uma visão tecnológica que vá para além do meramente operacional. Não é essencial dominar todas as linguagens de programação ou algoritmos, mas é essencial ter a curiosidade de o fazer:

- **Explore** as tendências em matéria de IA, automatização, grandes volumes de dados ou computação em nuvem.
- **Avaliar** o potencial de novas soluções e a forma como estas se alinham com a estratégia da empresa.
- **Antecipar** as perturbações que estas tecnologias podem causar no mercado ou no modelo de negócio.

A curiosidade leva o líder a **questionar**, **aprender** e **adaptar-se**, assegurando uma visão do futuro que evita a estagnação organizacional.

5.2.2 Literacia digital e competências digitais

Embora nem todos os gestores precisem de ser especialistas em programação, o domínio de certas competências digitais torna-se um fator de diferenciação:

- **Literacia de dados**: Compreender conceitos analíticos e estatísticos básicos para interpretar relatórios de desempenho e painéis de controlo.
- **Ferramentas de colaboração**: Conhecer as plataformas e os ecossistemas digitais (Teams, Slack, SharePoint, etc.) que facilitam a comunicação e o intercâmbio de informações.
- **Gestão da segurança e da privacidade**: estar ciente dos principais riscos cibernéticos e dos regulamentos de proteção de dados para promover a integridade das informações.

Estas competências geram maior autonomia e discernimento para o diálogo com as equipas técnicas, evitando a dependência total de consultores externos ou de chefias intermédias. No atual ambiente empresarial dinâmico, marcado por rápidos avanços tecnológicos, as competências de liderança digital e a capacidade de adaptação não são apenas desejáveis, mas essenciais. Os líderes que dominam estas competências estão mais bem equipados para implementar e maximizar as tecnologias emergentes, influenciando diretamente a produtividade e a eficiência da organização.

De acordo com Chamorro-Premuzic (2021), os líderes eficazes na gestão das tecnologias digitais podem aumentar a produtividade das suas equipas até 24% e a eficiência operacional em 30%. No entanto, é fundamental que estes avanços não sejam efectuados à custa dos aspectos humanos da organização. Uma abordagem puramente técnica poderia negligenciar necessidades críticas do pessoal, como o bem-estar e o desenvolvimento profissional contínuo, que são essenciais para a sustentabilidade a longo prazo.

5.2.3 Pensamento estratégico e capacidade de adaptação

Num ambiente altamente volátil, o pensamento estratégico ganha relevância ao associar a adoção de tecnologia a objectivos a longo prazo. Para o efeito, a adaptabilidade surge como uma competência essencial:

- **Reconfigurar** rapidamente **as prioridades** face a novas oportunidades ou ameaças digitais.
- **Aprender com os fracassos** da implementação e reutilizar esse conhecimento para aperfeiçoar a estratégia.
- **Aplicar metodologias ágeis** que fragmentem os projectos em fases mais curtas, com feedback contínuo (DevOps, Scrum, Lean, etc.).

A adaptabilidade não se refere apenas à ação individual do líder; envolve também a capacidade do líder para promover a agilidade em toda a organização. Klus e Müller (2021) defendem que acompanhar as últimas tendências tecnológicas é crucial para os líderes contemporâneos. No entanto, concentrar-se exclusivamente na tecnologia pode levar a uma gestão desumanizada, em que a eficiência tecnológica ofusca a importância da ligação humana e da liderança ética. Por conseguinte, o líder deve equilibrar a competência técnica com fortes competências interpessoais.

A agilidade digital deve ser cultivada como uma competência essencial na liderança moderna, tal como analisado por Sambamurthy et al. (2003). Estes autores propõem que a flexibilidade e a adaptabilidade são tão cruciais como a adoção da própria tecnologia. Uma liderança rígida e não adaptativa pode resultar numa falta de capacidade de resposta às mudanças na dinâmica do mercado, pondo em risco a competitividade da organização. Além disso, Khan (2016) salienta a importância de desenvolver competências adaptativas para uma colaboração eficaz com as máquinas, aumentando a competitividade organizacional em 25%.

5.2.4 Comunicação virtual e liderança de equipas à distância

O aumento do trabalho à distância e da colaboração virtual exige competências de comunicação específicas:

- **Clareza e empatia**: A interação digital pode levar a mal-entendidos na ausência de sinais não verbais. O líder deve garantir que os objectivos, os prazos e as expectativas são compreendidos sem ambiguidade.
- **Ligação pessoal**: Os espaços informais de intercâmbio (cafés virtuais, check-ins) podem ser cruciais para reforçar a coesão e a motivação da equipa.
- **Coordenação dos fusos horários**: A globalização e a dispersão geográfica implicam a gestão de calendários diferentes e o respeito pelo multiculturalismo.

Aqui, as competências transversais - inteligência emocional, escuta ativa, feedback construtivo - estão interligadas com a literacia digital e a iniciativa de cultivar um ambiente de colaboração à distância.

5.2.5 Inteligência emocional e empatia

A inteligência artificial e a automatização criam incerteza na força de trabalho. Algumas pessoas receiam a obsolescência das suas funções; outras podem sentir-se sobrecarregadas pela necessidade de aprender novas tecnologias. O líder digital deve:

- **Praticar a empatia** para identificar preocupações e promover um diálogo aberto sobre o processo de mudança.

- **Proporcionar segurança psicológica**: Permitir que os funcionários explorem soluções e cometam erros controlados incentiva a criatividade e reduz a resistência à mudança.
- **Equilibrar a atenção** entre resultados e bem-estar, reconhecendo que a dimensão humana é essencial para o sucesso de qualquer iniciativa tecnológica.

A intersecção das competências humanas e tecnológicas é fundamental para a eficácia da liderança na era digital. Avolio e Kahai (2003) sublinham que a capacidade de gerir eficazmente as próprias emoções e as dos outros é crucial para facilitar a adaptação às novas tecnologias. Ignorar estes aspectos humanos pode resultar em equipas menos empenhadas e relutantes em aceitar a mudança, prejudicando a evolução digital da organização

5.2.6 Ética e responsabilidade social

As organizações modernas não podem ignorar as implicações éticas e sociais das suas acções tecnológicas. O líder digital deve:

- **Garantir a equidade** na aplicação de algoritmos, minimizando os enviesamentos e controlando a utilização de dados sensíveis.
- **Promover a inclusão** e a diversidade, garantindo que a digitalização beneficia todos os grupos e não alarga as lacunas existentes.
- **Promover a sustentabilidade** nas iniciativas tecnológicas, avaliando a pegada ambiental e social das soluções adoptadas (Fórum Económico Mundial, 2021).

Em última análise, a credibilidade da liderança digital depende, em grande medida, da forma como estes compromissos éticos são assumidos. Sheninger (2019) adverte que a adoção de tecnologias sem uma abordagem estratégica e ética pode levar a iniciativas tecnológicas que, embora vistosas no papel, não conseguem gerar valor sustentável se não reforçarem a cultura organizacional e não promoverem um sentido de propriedade e de propósito.

5.3 Capacidade de adaptação e resiliência organizacional

A capacidade de adaptação envolve tanto a agilidade para reagir a mudanças imediatas como a resiliência para resistir a crises prolongadas. Esta resiliência organizacional é reforçada pela força da liderança e pela confiança que o líder gera na sua equipa.

5.3.1 O papel da liderança transformacional

O modelo de liderança transformacional de Bernard Bass sublinha que os líderes que inspiram, motivam e dão atenção individual promovem uma cultura de mudança positiva (Bass & Riggio, 2006). No domínio digital, isto traduz-se em:

- **Motivação inspiradora**: Definir objectivos claros e ambiciosos para a adoção de tecnologias, comunicando de forma atractiva os benefícios para a organização e para os empregados.
- **Estimulação intelectual**: Convidar as equipas a questionar processos obsoletos e a propor soluções inovadoras.
- **Consideração individualizada**: Reconhecendo as diferentes necessidades e capacidades de cada membro, personalizar a formação ou o acompanhamento na transição digital.

Neste sentido, Bass e Riggio (2006) referem também que os líderes transformacionais podem promover um aumento de 40% na inovação, criando um clima que favorece a adaptação e a experimentação de novas tecnologias. Este tipo de liderança não só impulsiona o avanço tecnológico, como também promove uma cultura de aprendizagem contínua, onde a colaboração e a recetividade à mudança se tornam pilares essenciais.

Esta combinação de liderança e empatia cria um ambiente que fomenta a adaptabilidade e a resistência aos desafios da transformação.

5.3.2 Aprendizagem contínua e iteração

A adaptabilidade exige uma liderança que promova uma abordagem de aprendizagem contínua:

- **Planos de formação regulares**: workshops de atualização, cursos em linha e formações internas que vão desde ferramentas digitais específicas a novas metodologias de gestão.
- **Feedback ágil**: Sessões de revisão periódicas, onde os desenvolvimentos tecnológicos são examinados, os desvios são corrigidos e os objectivos são ajustados.
- **Iteração constante**: A implementação de soluções digitais requer frequentemente melhorias sucessivas. A adoção de uma abordagem iterativa minimiza o risco de grandes falhas e mantém a equipa motivada.

5.3.3 Casos e breves exemplos

- **Caso de uma empresa de retalho**: depois de implementar um sistema de IA para sugerir produtos aos clientes em linha, a equipa de marketing identificou a necessidade de reforçar as competências analíticas. Foi organizado um plano de mentoria e certificações internas, acelerando a curva de aprendizagem e reduzindo a dependência de consultores externos.
- **Empresa de serviços financeiros**: Integrou metodologias ágeis na adoção da automatização de processos, permitindo experiências controladas com RPA. Após cada sprint, a equipa discutiu as lições aprendidas, ajustou os objectivos e concebeu protótipos mais sofisticados.

Em ambos os cenários, a adaptabilidade foi reforçada por uma liderança que combinou visão, acompanhamento e uma tónica no desenvolvimento de competências digitais.

5.4 Reflexão pessoal: um olhar sobre a liderança digital na prática

No meu trabalho como gestor de projectos e especialista em tecnologia e finanças, tenho testemunhado a importância da flexibilidade e da empatia na adoção de inovações digitais. Por um lado, a gestão de projectos que envolvem IA e automação requer uma certa literacia tecnológica para compreender as oportunidades reais e as limitações de cada ferramenta. Por outro lado, a componente humana é decisiva: constatei que as equipas estão mais abertas quando sentem que o líder valoriza a sua aprendizagem e as suas preocupações, em vez de impor ferramentas sem uma narrativa clara.

Em consonância com o modelo de difusão da inovação de Rogers, a disponibilidade do líder para ouvir e "evangelizar" a utilidade da tecnologia - com provas tangíveis e planos de formação - impulsiona a adoção. Por sua vez, a visão transformacional de Bass alimenta um sentimento de pertença e de motivação intrínseca, factores essenciais para manter a organização no bom caminho no meio de mudanças rápidas.

5.5 Reflexões do capítulo

As competências de liderança digital e a adaptabilidade estão a tornar-se essenciais num ambiente empresarial caracterizado por uma confluência de IA, automação e profundas mudanças organizacionais. A competência técnica de base, combinada com uma comunicação eficaz, empatia e uma abordagem transformacional, é o perfil ideal para liderar equipas na era da Quarta Revolução Industrial.

Uma perspetiva pragmática é fornecida por Asatiani et al. (2023), que salientam que a implementação adequada da automatização de processos robóticos pode reduzir os custos operacionais em até 50%. No entanto, a transição requer uma liderança que não se concentre apenas nos ganhos a curto prazo, mas que considere também o impacto humano e organizacional da tecnologia, assegurando uma adoção que beneficie toda a organização.

Além disso, os líderes que conseguem equilibrar as capacidades humanas e tecnológicas podem aumentar a competitividade organizacional em até 25% (Khan, 2016). Este equilíbrio é essencial para a era digital, em que a criatividade e a empatia continuam a ser insubstituíveis pela tecnologia.

Do mesmo modo, a integração perfeita das competências tecnológicas e dos factores humanos torna-se fundamental para uma liderança verdadeiramente eficaz nesta era de rutura. Sambamurthy et al. (2003) insistem que a agilidade e a adaptabilidade são tão cruciais como a adoção da própria tecnologia, reforçando a ideia de que uma liderança rígida pode ficar aquém da rápida dinâmica do mercado. Por último, Sheninger (2019) recorda que a adoção de tecnologia sem uma abordagem estratégica e ética pode resultar em iniciativas superficiais que não geram valor sustentável nem se relacionam com o sentimento de pertença e o objetivo dos trabalhadores.

No próximo capítulo, aprofundaremos as estratégias e ferramentas que os líderes podem utilizar para pôr em prática estas competências, garantindo que a transformação digital não é apenas um discurso, mas uma realidade sustentável e bem sucedida em termos de crescimento, inovação e coesão do talento humano.

Capítulo 6 - Resistência à mudança e transformação organizacional

A transformação digital implica não só a adoção de tecnologias emergentes, mas também a revisão das estruturas, dos processos e da dinâmica de trabalho que têm regido a organização. Esta remodelação implica mudanças substanciais que podem provocar resistência a todos os níveis, desde os trabalhadores operacionais até à gestão de topo. Este capítulo explora os factores que geram resistência à mudança, analisa a Teoria da Mudança Organizacional de Kurt Lewin como um enquadramento e ilustra estratégias práticas para facilitar a transição para ambientes digitalizados. Também fornece exemplos de organizações que enfrentaram desafios significativos na implementação da automatização, da inteligência artificial e de processos de reestruturação cultural.

6.1 Natureza da resistência à mudança na era digital

A implementação da transformação digital, embora seja uma necessidade empresarial urgente, apresenta desafios e resistências que exigem uma liderança astuta e ponderada para serem ultrapassados. Esta análise não só explora estratégias de mudança, como também destaca a necessidade de uma abordagem crítica na avaliação dos potenciais benefícios e riscos associados ao processo de digitalização.

6.1.1 Conceito de resiliência

A resistência à mudança manifesta-se como um conjunto de atitudes ou comportamentos que impedem a adoção de novas tecnologias, métodos de trabalho ou estruturas organizacionais. No contexto da transformação digital, pode apresentar-se de muitas formas diferentes:

- **Medo da obsolescência**: Os trabalhadores receiam que a automatização ou a IA substituam os seus empregos ou que não tenham as competências necessárias para se adaptarem às novas exigências.

- **Desconfiança em relação à tecnologia**: A falta de informação ou experiências negativas anteriores levam ao ceticismo quanto ao valor real das ferramentas digitais.
- **Inércia cultural**: processos enraizados e uma cultura empresarial "tradicional" favorecem a continuidade de práticas obsoletas e dificultam a implementação de metodologias ágeis.
- **Visão de curto prazo**: Os gestores receiam o custo e a complexidade da mudança, adiando o investimento tecnológico ou relegando-o para projectos-piloto sem continuidade.

6.1.2 Principais factores que afectam a resiliência

1. Falta de comunicação
   - Quando a direção não explica claramente os objectivos da mudança, os seus benefícios e o impacto que terá nas rotinas dos trabalhadores, cria incerteza e rumores que alimentam a resistência.
2. Falta de formação
   - Se a organização não proporcionar uma formação adequada, o pessoal pode sentir que não possui as competências necessárias para a nova era digital, o que provoca ansiedade e rejeição.
3. Mudanças no poder e no estatuto
   - A digitalização pode redistribuir funções, visibilidade ou recursos dentro da empresa, pelo que aqueles que vêem o seu "território" ameaçado podem opor-se conscientemente a projectos de modernização.
4. Experiências anteriores
   - As iniciativas de mudança mal geridas no passado (fracassos tecnológicos dispendiosos, introdução de sistemas pouco amigáveis) geram ceticismo em relação a qualquer nova proposta de transformação.

6.2 A teoria da mudança organizacional de Kurt Lewin

A Teoria da Mudança de Kurt Lewin baseia-se num processo de três fases - Descongelamento, Mudança e Recongelamento - que, apesar do seu carácter histórico, continua a ser extremamente útil para compreender a dinâmica da transformação digital.

O modelo de mudança de Kurt Lewin descreve a mudança organizacional como um processo em três fases: descongelamento, mudança e recongelamento. Na fase de descongelamento, a organização prepara-se para a mudança, pondo em causa as normas existentes. A fase de mudança introduz novas práticas, exigindo uma liderança eficaz para motivar o pessoal. Finalmente, o recongelamento solidifica estas mudanças como a nova norma. Sem uma gestão adequada destas fases, as organizações podem registar uma resistência significativa.

No entanto, embora o modelo de Kurt Lewin forneça uma base teórica para abordar a mudança organizacional, é crucial reconhecer que este modelo, embora robusto, pode simplificar demasiado a complexidade da transformação digital. A fase de descongelamento, em particular, exige mais do que uma mera preparação para a mudança; exige um desafio constante das percepções e uma reavaliação contínua das estratégias à medida que surgem novas tecnologias.

6.2.1 Descongelação

Trata-se de desafiar o status quo e levar a organização a reconhecer a necessidade de mudança. Em termos de transformação digital, isto inclui:

- **Sensibilização**: Apresentar dados e resultados que evidenciem a obsolescência das ferramentas actuais ou o risco de perda de competitividade se não forem inovadas.
- **Identificar campeões**: Ter líderes influentes para defender a mudança e explicar a sua importância.
- **Sensibilização e empatia**: Responder às preocupações do pessoal, compreender os receios e explicar os benefícios tangíveis (oportunidades de crescimento profissional, melhoria da qualidade do trabalho).

6.2.2 Alterações

Nesta fase, a organização introduz novos processos, tecnologias ou comportamentos. É a fase mais complexa, pois exige uma reformulação da cultura e um verdadeiro teste de adaptabilidade.

- **Implementação de soluções digitais**: IA, RPA, plataformas de colaboração, etc.
- **Formação e apoio**: programas de requalificação e melhoria de competências para capacitar o talento humano a utilizar as ferramentas de forma eficaz.
- **Metodologias de pilotagem**: Realizar testes controlados (pilotos) e sprints de aprendizagem contínua que reduzam os riscos e permitam o ajustamento de erros a curto prazo.

6.2.3 Recongelação

Consiste em consolidar as novas práticas para que se tornem a norma e se enraízem na cultura organizacional. Envolve:

- **Reforço positivo**: Reconhecer as realizações e celebrar os benefícios da adoção da tecnologia, aumentando a confiança dos empregados.
- **Ajustar as estruturas**: atualizar manuais, protocolos e organigramas para refletir as novas formas de trabalho.
- **Monitorização contínua**: Manter indicadores que garantam a permanência das mudanças e a melhoria constante, evitando a tentação de voltar a práticas anteriores.

6.3 Estratégias para ultrapassar a resistência à mudança

Ross e Beath (2002) sublinham a importância da governação das TI, mas é fundamental que a governação se concentre muitas vezes demasiado nos aspectos técnicos, negligenciando as necessidades humanas e culturais que são igualmente vitais para uma transição bem sucedida. A tecnologia não deve ditar a direção; deve, sim, ser uma ferramenta nas mãos de líderes visionários que compreendam o seu impacto nas pessoas e nos processos organizacionais.

Powell et al. (2017) defendem a adaptação das estratégias de implementação ao contexto específico de cada organização. Esta perspetiva é valiosa, mas também levanta a crítica de que as empresas por vezes adoptam tecnologias mais por pressão competitiva do que por uma avaliação genuína das necessidades. Este "salto tecnológico" pode resultar em iniciativas que são superficiais e não estão profundamente integradas nas operações comerciais.

6.3.1 Comunicação eficaz e narrativa do projeto

Uma comunicação proactiva e transparente reduz a incerteza e os rumores. Algumas tácticas fundamentais incluem:

- **Declaração de visão**: Explicar o "porquê" da transformação, relacionando os objectivos tecnológicos com a missão e a competitividade da empresa.
- **Testemunhos internos**: Os líderes ou as equipas que experimentaram melhorias graças à digitalização partilham a sua experiência, motivando outros a juntarem-se a eles.
- **Canais de feedback**: Inquéritos, fóruns virtuais ou sessões de perguntas e respostas para esclarecer dúvidas e ouvir as preocupações em tempo real.

6.3.2 Formação e acompanhamento

A formação contínua dissipa o medo da obsolescência e reforça o sentimento de controlo sobre a mudança:

- **Planos de requalificação**: centrados nas competências digitais (análise de dados, cibersegurança, metodologias ágeis).
- **Tutoria cruzada**: Os trabalhadores com competências tecnológicas apoiam os que necessitam de tutoria mais próxima.
- **Learning by Doing**: Aprendizagem prática através de projectos concretos e workshops de colaboração que aceleram a adoção efectiva das ferramentas.

6.3.3 Participação e co-criação

Quando os empregados sentem que são parte ativa da mudança, a resistência diminui. A liderança pode:

- **Formar grupos de inovação**: Reúna pessoas de diferentes departamentos para debaterem ideias e conceberem protótipos para melhorias.
- **Gamificação do processo**: Implementar dinâmicas lúdicas que recompensem o sucesso e a aprendizagem no processo de transformação digital.
- **Descentralizar as decisões**: Dar maior autonomia às equipas autogeridas que podem adaptar a tecnologia às suas necessidades e realidades.

6.3.4 Liderança transformacional e apoio emocional

A consideração individualizada e a motivação inspiradora, tal como descritas por Bass (1985), são essenciais para acompanhar emocionalmente as pessoas. O líder transformacional:

- **Ouve ativamente** as preocupações e é reativo, transmitindo confiança e clarificando as expectativas.
- **Reforça a autoestima** da equipa, salientando a oportunidade de crescimento e não o medo da substituição.
- **Permita** que os funcionários descubram novas competências, celebrem os avanços e integrem a transformação no seu desenvolvimento profissional.

Schwartz e McCarthy (2007) e Kane et al. (2015) sublinham a necessidade de competência digital na liderança e a importância de abordar as preocupações do pessoal relativamente à segurança do emprego. No entanto, os líderes devem ir além da mera formação e garantia, envolvendo ativamente o pessoal na conceção e execução da transformação digital. Esta abordagem colaborativa pode reduzir a resistência, facilitando um sentimento de propriedade e controlo sobre o processo de mudança.

6.4 Exemplos de organizações que enfrentaram desafios na transição digital

Histórias de sucesso como as da Ford e da General Electric são instrutivas, mas também é essencial reconhecer que o que funciona para uma empresa global pode não ser aplicável a uma empresa mais pequena ou num sector diferente. O sucesso na transformação digital não é simplesmente uma questão de seguir exemplos, mas de adaptar inteligentemente as lições aprendidas às realidades únicas de cada organização.

6.4.1 Empresa transformadora com sistemas obsoletos

Uma organização tradicional do sector da indústria transformadora descobriu que os seus sistemas de controlo e registo da produção já não estavam a acompanhar a procura global. Quando confrontados com uma proposta de migração para uma plataforma IoT com painéis de controlo em tempo real, houve uma resistência significativa por parte dos técnicos superiores, que receavam ficar para trás.

- Estratégia:
    - Foi concebido um plano de formação gradual para o pessoal com menos conhecimentos digitais.
    - Foram criados comités mistos (técnicos superiores e jovens profissionais) para implementar os sensores e validar os resultados.
    - A direção incentivou a colaboração, convidando os mais experientes a transmitir os conhecimentos sobre os processos aos recém-chegados.
- Resultado:
    - Em poucos meses, a resistência diminuiu à medida que os trabalhadores descobriram que o novo sistema não só aumentava a eficiência, como também melhorava a exatidão da programação da manutenção e da monitorização da qualidade.

6.4.2 A Financial Services Corporation e a migração para a AI

Uma empresa de serviços financeiros decidiu incorporar modelos de IA para análise do risco de crédito e deteção de fraudes. No entanto, alguns analistas e gestores questionaram a fiabilidade dos algoritmos, argumentando que as decisões financeiras exigiam um julgamento humano experiente.

- Estratégia:
  - Os modelos de IA foram integrados gradualmente, primeiro como ferramentas de recomendação que apoiavam o analista sem o substituir.
  - O funcionamento básico dos algoritmos foi tornado transparente, mostrando exemplos de previsões bem sucedidas e de falsos positivos/falsos negativos.
  - A teoria de Lewin foi aplicada: descongelar os receios através de palestras e workshops, alterar as práticas de avaliação de créditos com acompanhamento contínuo e recongelar através do estabelecimento de um protocolo de revisão humana final.
- Resultado:
  - A adoção progressiva e a combinação de conhecimentos humanos com a precisão do algoritmo aumentaram a velocidade de resposta aos clientes e reduziram os níveis de fraude em 20%.
  - O pessoal sentiu que a sua opinião continuava a ser valorizada, minimizando a perceção de "desumanização" nas decisões financeiras.

6.5 Reflexão pessoal: a mudança como constante

Na minha experiência como gestor de projectos especializado em tecnologia e finanças, constatei que a resistência à mudança surge mesmo em organizações que se dizem "inovadoras". A chave está em comunicar, acompanhar e democratizar o processo de transformação. Quando as pessoas compreendem por que razão estão a ser introduzidas novas ferramentas - e de que forma estas contribuem para o seu desenvolvimento profissional - a reação passa frequentemente da oposição para um entusiasmo cauteloso, e daí para uma integração total.

Já vi equipas transformarem-se completamente quando o líder transmite confiança na formação dos seus colaboradores e dá espaço para que todos assumam um papel de liderança na digitalização. No final, qualquer resistência dissipa-se quando a cultura está alinhada com a visão de um futuro mais competitivo, mas também mais humano e colaborativo.

6.6 Reflexões do capítulo

A resistência à mudança é um fenómeno natural em qualquer processo de transformação, e a transformação digital não é exceção. O modelo de Lewin demonstra a importância da consciencialização (descongelamento), da implementação com apoio e formação (mudança) e da consolidação de novos hábitos (recongelamento) para que a organização assuma uma cultura aberta à inovação. Embora a transformação digital seja essencial para a competitividade das empresas, a sua implementação bem-sucedida exige um equilíbrio delicado e ponderado entre tecnologia e humanidade. Uma liderança que valorize tanto a inovação tecnológica como a integridade cultural e humana é essencial para transformar os desafios em oportunidades e orientar as organizações para um futuro digital sustentável.

No próximo capítulo, iremos aprofundar a forma como as pessoas e a tecnologia podem ser integradas de forma sinérgica, explorando o conceito de "liderança híbrida" e a relevância de equilibrar as competências técnicas com a inteligência emocional, a ética e a visão a longo prazo. À medida que a transformação digital avança, a componente humana torna-se essencial para garantir que as soluções implementadas geram valor sustentável e promovem uma cultura de colaboração constante.

Capítulo 7 - Integração de pessoas e tecnologia: Liderança híbrida

A transformação digital não se limita à introdução de ferramentas tecnológicas; requer uma reconceção abrangente da forma como as pessoas interagem com a tecnologia e, acima de tudo, do papel que as pessoas desempenham em ambientes automatizados ou alimentados por inteligência artificial (IA). A liderança híbrida surge precisamente como a resposta a este desafio: liderar combinando competências humanas - empatia, criatividade, comunicação - com as competências técnicas e cognitivas da era digital. Este capítulo explora a forma de integrar as pessoas e a tecnologia de forma harmoniosa, abordando os benefícios e as tensões geradas pela junção destes dois mundos na cultura organizacional.

7.1 O conceito de liderança híbrida

A liderança híbrida envolve a combinação eficaz de atributos humanos com capacidades tecnológicas para orquestrar a dinâmica de uma equipa e/ou de uma organização num ambiente digital. Embora os capítulos anteriores tenham realçado a importância da inteligência emocional, da gestão da mudança e das competências digitais, este capítulo aprofunda a forma como esta união transcende a soma destas competências:

1. **Sinergia homem-tecnologia**: Não se trata de a tecnologia substituir o julgamento humano, nem de as pessoas ignorarem os benefícios da automatização. O líder híbrido articula ambos os elementos para maximizar a produtividade e o bem-estar organizacional.
2. **Co-criação e experimentação**: A liderança híbrida incentiva a abertura à experimentação com ferramentas digitais e novos processos, ao mesmo tempo que protege o espaço para a reflexão, a aprendizagem colectiva e a inovação contínua.
3. **Visão estratégica e sensibilidade cultural**: o líder compreende o impacto cultural e psicológico da IA e da automatização e gere proactivamente a resistência e as expectativas da equipa.

Na sua essência, a liderança híbrida baseia-se numa compreensão profunda dos pontos fortes humanos (intuição, criatividade, empatia) e dos benefícios tecnológicos (eficiência, exatidão, tratamento de dados maciços).

7.2 Pessoas e tecnologia: novas formas de trabalhar

7.2.1 Rumo a equipas de colaboração híbridas

A crescente automatização das tarefas está a impulsionar a criação de equipas mistas compostas por pessoas e sistemas de IA ou robôs colaborativos (cobots). Neste contexto:

- As tarefas repetitivas e de alta precisão são delegadas à tecnologia.
- **As tarefas de análise, controlo e tomada de decisões** (especialmente as que exigem sensibilidade humana) são deixadas a profissionais formados.
- A **coordenação** torna-se um fator-chave: a atribuição dinâmica de actividades, a gestão de dados partilhados e a capacidade de reagir rapidamente a imprevistos requerem líderes que gerem simultaneamente a logística, a comunicação e a motivação.

7.2.2 Redefinição de funções e competências

A introdução da IA e da automatização esbate as fronteiras tradicionais dos postos de trabalho. Algumas funções tornam-se obsoletas, enquanto outras são transformadas ou surgem novas funções:

- **Especialistas em sistemas híbridos**: pessoas que dominam tanto o lado humano (comunicação, formação) como o lado técnico (parametrização e melhoria contínua dos algoritmos).
- **Facilitadores de aprendizagem**: responsáveis pela conceção de planos de requalificação e de atualização de competências, alinhados com a evolução tecnológica da organização.
- **Analistas de dados com uma perspetiva humana**: Combinar a análise avançada com a leitura contextual da informação, evitando a dependência

excessiva de algoritmos e complementando os resultados com critérios culturais ou situacionais.

Esta nova paisagem esbate as hierarquias rígidas e favorece um modelo multidisciplinar em que a adaptabilidade tem precedência sobre a especialização estreita.

7.3 Competências humanas essenciais na liderança híbrida

7.3.1 Inteligência emocional e empatia

Quando os processos são automatizados e os sistemas de IA são introduzidos, é comum a incerteza sobre o futuro dos empregos e das responsabilidades. A liderança híbrida implica, por conseguinte, um elevado grau de empatia para:

- Ouvir **ativamente** as preocupações dos trabalhadores.
- **Conceber intervenções de acompanhamento** que reforcem a segurança psicológica das equipas.
- **Valorizar a contribuição humana** em processos que aparentemente poderiam ser totalmente digitalizados.

De acordo com a visão de Bass (1985), o líder transforma o medo da mudança numa oportunidade de crescimento e aprendizagem, promovendo uma cultura de inovação com sentido humano.

7.3.2 Pensamento crítico e ético

A tecnologia fornece ferramentas poderosas, mas um líder híbrido deve ser capaz de questionar os resultados da IA, identificar potenciais enviesamentos nos algoritmos e considerar as implicações éticas das suas decisões. Exemplos:

- **Avaliar a equidade** nas decisões automatizadas (contratação, crédito, diagnósticos) para evitar a discriminação implícita devida a dados enviesados.
- **Proteger a privacidade** de clientes e funcionários, assegurando a recolha e utilização responsável de informações, em conformidade com as normas e valores da empresa.

- **Adotar uma abordagem de sustentabilidade**: desde a seleção de tecnologias mais limpas até à análise da pegada de carbono da infraestrutura digital.

Esta abordagem ética reforça **a confiança** da organização e do ambiente na gestão híbrida, demonstrando coerência entre o que é feito e os princípios proclamados.

7.3.3 Adaptabilidade e aprendizagem contínua

Em ambientes tecnológicos em rápida mudança, o líder híbrido deve demonstrar capacidade de adaptação e promover essa mesma capacidade na sua equipa:

- **Planos de formação flexíveis**: Incorporar metodologias ágeis para formar o pessoal em novas ferramentas sem interromper abruptamente as operações.
- **Iterações e retrospectivas**: Ao adotar soluções digitais, estabeleça um ciclo de testes e ajustes que permita a melhoria contínua e o feedback aberto.
- **Atualização constante**: manter-se a par das tendências em matéria de IA, robótica e soluções emergentes para antecipar potenciais perturbações ou oportunidades no mercado.

7.4 Estratégias para uma integração óptima das pessoas e da tecnologia

7.4.1 Cultura de colaboração e co-criação

O trabalho conjunto entre equipas humanas e sistemas inteligentes floresce num ambiente onde a colaboração é encorajada. Para o conseguir:

- **Formar comités mistos** que envolvam perfis técnicos, peritos empresariais e colaboradores de diferentes áreas, co-criando soluções digitais que respondam a necessidades específicas.
- **Promover o envolvimento precoce** na seleção ou conceção de tecnologias. Quanto mais cedo os utilizadores finais virem e testarem uma

ferramenta, mais feedback é gerado e mais rapidamente a resistência é eliminada.

7.4.2 Design Thinking e experiências-piloto

A adoção de uma abordagem de design thinking traduz-se numa visão centrada nas pessoas, mesmo que o objetivo seja aumentar a automatização:

- **Compreender as necessidades reais** dos utilizadores internos ou dos clientes finais antes de programar um sistema ou de instalar um robô colaborativo.
- **Validar protótipos nas fases iniciais** (projectos-piloto), minimizando a resistência e o investimento de tempo e recursos.
- **Feedback iterativo**: os pontos problemáticos são rapidamente detectados, ajustando a implementação.

7.4.3 Gestão da mudança e patrocínio dos quadros superiores

Embora a liderança híbrida realce o papel da pessoa que articula a tecnologia e a cultura, a gestão de topo deve apoiá-la:

- **Orçamento suficiente** para investir em infra-estruturas, licenças de software, formação e contratação de peritos.
- **Apoio narrativo**: Discursos e comunicações que legitimam a importância da inovação, fazendo a ponte entre o topo e as equipas operacionais.
- **Reconhecimento da aprendizagem**: Recompensar os empregados e os líderes intermédios que demonstrem iniciativa e competência na integração da tecnologia e do trabalho humano.

7.5 Desafios e tensões da liderança híbrida

Mesmo com uma boa estratégia, surgem tensões decorrentes da hibridização de pessoas e tecnologias:

1. **Potencial deslocação** de postos de trabalho: O receio de perder postos de trabalho acelera ou exacerba a resistência. O líder híbrido deve

comunicar claramente como a reafectação ou especialização do pessoal é parte integrante do roteiro.

2. **Preconceitos nos algoritmos**: A falta de diversidade nos dados ou na formação de modelos pode levar a decisões injustas. O líder exige mecanismos de supervisão e correção.
3. **Sobrecarga de informação**: os sistemas de IA e de automatização podem gerar grandes volumes de dados. A falta de definição de prioridades e de análise pode levar à paralisia por análise.
4. **Falta de coesão cultural**: Equipas remotas ou geograficamente dispersas com competências digitais variadas podem sofrer de desconexão e perda de identidade partilhada.

A liderança híbrida não só detecta estes riscos, como também concebe estratégias para os antecipar ou atenuar, assegurando que o projeto de transformação flui com um objetivo claramente comunicado e com uma gestão de talentos que valoriza as qualidades humanas.

7.6 Reflexões do capítulo

A adoção de uma liderança híbrida revela que o verdadeiro valor da transformação digital não reside apenas na automatização de processos ou na implementação de sistemas de inteligência artificial, mas na forma como os pontos fortes do fator humano são conjugados com as vantagens da tecnologia. O líder que consegue esta integração compreende que a criatividade e a empatia continuam a ser insubstituíveis, mesmo quando os algoritmos fornecem informações exactas ou executam tarefas repetitivas de forma eficiente.

Em vez de encarar as pessoas e as máquinas como opostos polares, a liderança híbrida procura cultivar uma relação de sinergia: a tecnologia reforça a produtividade e amplia a capacidade analítica, enquanto as equipas humanas trazem o discernimento ético, a adaptabilidade e a inteligência emocional necessárias para navegar em ambientes incertos e em mudança. Nesta perspetiva, a automação não deve ser temida como uma ameaça, mas sim aceite como uma oportunidade para libertar o potencial criativo e estratégico do talento humano.

O capítulo seguinte apresentará estratégias e ferramentas concretas para a transformação digital, mostrando como os líderes podem estruturar planos de ação que materializem esta colaboração humano-tecnológica de forma bem sucedida e sustentável, garantindo a competitividade da empresa e, ao mesmo tempo, o crescimento integral dos seus colaboradores.

Capítulo 8 - Estratégias e ferramentas para a transformação digital

A transformação digital vai além da mera adoção de tecnologia. Envolve a estruturação de um plano coerente - apoiado por metodologias, ferramentas e métricas claras - que permite às organizações planear, executar e avaliar as suas iniciativas de forma consistente e alinhada com os seus objectivos empresariais. Este capítulo apresenta as principais estratégias e ferramentas para orientar a transformação digital, desde a fase de conceção até à monitorização dos resultados, abrangendo a seleção de tecnologias, a governação da inovação e a medição dos impactos financeiros e culturais.

8.1 Roteiro para a adoção de tecnologias

A criação de um roteiro é essencial para estruturar as várias iniciativas tecnológicas da organização. Um roteiro eficaz inclui:

1. **Definição de objectivos**
   - Clarificar os objectivos da transformação: Pretende aumentar a eficiência operacional? Otimizar a experiência do cliente? Explorar novos modelos de negócio digitais?
   - Ligar a visão tecnológica à estratégia empresarial a longo prazo.
2. **Definição de prioridades para os projectos**
   - Analisar a **viabilidade** (técnica, económica, cultural) de cada projeto e o seu **valor** acrescentado.
   - Escalonar as iniciativas por fases, começando por aquelas que geram "ganhos rápidos" e estabelecem confiança na transição.
3. **Identificação de recursos e competências**
   - Determinar as **competências internas** necessárias (análise de dados, cibersegurança, metodologias ágeis) e as **capacidades externas** que as podem complementar (consultores, fornecedores, alianças estratégicas).

- o Estabelecer um **orçamento previsional** e um plano de financiamento (recursos próprios, empréstimos, capital de risco, etc.).

4. **Cronograma e linhas de responsabilidade**
   - o Definir marcos e prazos, atribuindo líderes ou equipas responsáveis por cada projeto.
   - o Assegurar a existência de mecanismos de controlo e de revisão periódica para adaptar o roteiro em caso de alteração do ambiente.

Este plano permite à organização coordenar esforços, evitar sobreposições e gerir os recursos de forma optimizada. Serve também de **comunicação interna** para que todos os empregados compreendam o "panorama geral" da transformação.

8.2 Integração das novas tecnologias nas operações quotidianas

Mesmo com um bom roteiro, a integração efectiva das soluções digitais nos processos habituais da empresa pode apresentar desafios. Para ultrapassar a fricção entre as velhas rotinas e as novas ferramentas, é aconselhável:

8.2.1 Avaliação e reformulação de processos

- **Identificar estrangulamentos** e áreas com tarefas duplicadas ou manuais susceptíveis de automatização.
- **Envolver as equipas** que executam estes processos, procurando obter o seu feedback sobre as áreas a melhorar e a viabilidade real das propostas de digitalização.
- **Simplificar antes de automatizar**: verifique se o processo pode ser optimizado ou parcialmente eliminado antes de implementar um sistema dispendioso.

8.2.2 Gestão da mudança e reforço das capacidades específicas

- **Formar "agentes de mudança"** em cada unidade, responsáveis por promover e acompanhar a adoção de ferramentas digitais nas respectivas equipas.
- **Conceber uma formação** orientada para as necessidades operacionais específicas: não basta ensinar a teoria, é essencial mostrar como a tecnologia racionaliza ou melhora o trabalho quotidiano.
- **Oferecer apoio contínuo** (help desk, fóruns internos, manuais em linha) para resolver dúvidas e incentivar a utilização de novas soluções.

8.2.3 Adoção progressiva e projectos-piloto

- **Testar em áreas ou equipas-piloto** antes de uma implantação em massa da solução, validando a usabilidade e a aceitação pelo pessoal.
- **Recolha feedback** e melhore a ferramenta ou o método de implementação antes de aumentar a escala.
- **Celebrar** os primeiros resultados, divulgando os resultados positivos para encorajar o resto da organização a aderir à mudança.

8.3 Instrumentos de governação e gestão da inovação

A digitalização exige uma governação forte para garantir o alinhamento com a estratégia, a transparência na atribuição de recursos e a redução dos riscos. As ferramentas e práticas relevantes incluem:

8.3.1 Comités de inovação e gabinetes de transformação digital

- **Comités de inovação**: Estes comités reúnem líderes de diferentes áreas, incluindo finanças, tecnologia, RH e unidades de negócio, para dar prioridade a iniciativas e acompanhar os progressos.
- **Gabinete de Transformação Digital (DTO)**: Funciona como um facilitador, com mandatos claros para impulsionar projectos de

digitalização, para acompanhar as equipas na adoção e para avaliar o retorno do investimento (ROI).

8.3.2 Modelos de governação de TI e metodologias ágeis

- **Quadro de governação das TI (COBIT, ITIL)**: Fornece orientações para o controlo e a otimização dos serviços e processos tecnológicos, garantindo a qualidade e a segurança na entrega de valor.
- **Metodologias ágeis (Scrum, Kanban)**: permitem iterar rapidamente, lançar versões iniciais de produtos ou processos digitalizados e ajustar o projeto com base no feedback real dos utilizadores.

8.3.3 Gestão dos riscos e cibersegurança

- **Análise de risco digital**: Identificar ameaças à cibersegurança, questões de conformidade e vulnerabilidades operacionais associadas à digitalização.
- **Políticas e protocolos** de segurança da informação: Definir medidas concretas (cifragem, autenticação multifactor, planos de emergência) para proteger os dados e infra-estruturas críticos.
- **Sensibilização**: Realizar campanhas de sensibilização para que todos os empregados estejam conscientes das suas responsabilidades em termos de segurança e confidencialidade.

8.4 Métricas e indicadores de sucesso

Para que a transformação digital seja sustentável, é vital medir o impacto e o progresso de cada iniciativa. Essas métricas podem incluir:

8.4.1 Indicadores de processo

- **Taxa de adoção de** novas tecnologias (percentagem de empregados que as utilizam regularmente).
- **Tempo médio de resposta** dos serviços digitais, em comparação com a situação anterior.
- **Redução de erros** nos processos automatizados.

8.4.2 Indicadores financeiros e de retorno do investimento (ROI)

- **ROI dos projectos** (rácio benefício/custo, período de retorno do investimento, TIR).
- **Aumento das vendas ou das receitas** atribuível a análises avançadas ou a novas plataformas de comércio eletrónico.
- **Poupanças operacionais** através da automatização de tarefas repetitivas.

8.4.3 Indicadores de clima cultural e organizacional

- **Índices de satisfação dos trabalhadores** (inquéritos, entrevistas) para medir a perceção da digitalização e a satisfação com a formação recebida.
- **Nível de empenho** na inovação (número de ideias propostas, participação em projectos-piloto).
- **Menor resistência**: Por exemplo, uma diminuição das queixas formais ou um aumento da participação em sessões de formação.

Uma vez obtidos estes dados, os líderes podem reajustar o roteiro, identificar obstáculos e celebrar as conquistas, aumentando a credibilidade da transformação.

8.5 Reflexões do capítulo

As estratégias e ferramentas apresentadas neste capítulo definem um quadro prático para abordar a transformação digital de uma forma planeada e estruturada. Desde o desenvolvimento de um roteiro claro e viável até à implementação de políticas de governação e à medição do impacto real das iniciativas, cada passo ajuda a tornar a digitalização um projeto sustentável e alinhado com os objectivos organizacionais.

A chave está em combinar a agilidade das metodologias de inovação com o rigor do controlo dos resultados. Desta forma, a tecnologia deixa de ser uma promessa abstrata e passa a ser um motor tangível de crescimento e de melhoria da experiência dos funcionários e dos clientes. No entanto, é importante lembrar que a digitalização não acontece no vácuo: o seu sucesso depende da cultura, da liderança e da confiança dos envolvidos.

No próximo capítulo, serão analisados estudos de caso e lições aprendidas de organizações que percorreram com sucesso - ou tropeçaram - o caminho da transformação digital, oferecendo exemplos concretos que complementam e enriquecem as estratégias aqui delineadas. Isto reforçará a ideia de que a adoção de tecnologias emergentes é uma jornada contínua, na qual as decisões informadas e a integração de todo o talento humano são os pilares fundamentais para alcançar uma transformação real e duradoura.

Capítulo 9: Estudos de casos e lições aprendidas

A transformação digital manifesta-se de forma diferente em cada organização, dependendo de factores como a cultura, a estratégia empresarial e as caraterísticas do sector. No entanto, os processos de adoção de tecnologia convergem frequentemente para desafios e aprendizagens comuns, que podem servir de referência para os líderes que procuram implementar mudanças semelhantes. Este capítulo apresenta estudos de caso - alguns baseados em exemplos reais e outros hipotéticos mas representativos - para ilustrar a forma como as organizações lidaram com a digitalização, qual foi o papel da liderança e que lições relevantes podem ser retiradas.

9.1 Estudo de caso 1: A indústria automóvel e a transformação da cadeia de abastecimento

9.1.1 Antecedentes e motivações

Uma empresa multinacional do sector automóvel, com unidades de produção espalhadas por vários continentes, identificou a necessidade de integrar os seus processos de fabrico, logística e vendas numa plataforma digital comum. O objetivo era reduzir os custos operacionais, melhorar a previsão da procura e aumentar a satisfação do cliente final.

- **Problemas identificados**:
    - Falta de visibilidade em tempo real da cadeia de abastecimento.
    - Processos manuais na gestão do inventário, que conduzem a erros e atrasos.
    - Comunicação deficiente entre o fabrico, a logística e as vendas.

9.1.2 Estratégia de transformação

A empresa concebeu um roteiro em três fases, alinhado com a visão corporativa de modernizar a cadeia de valor:

1. **Fase I: Digitalização dos processos internos**

- Implementação de um sistema ERP avançado que centralizou as informações relativas à produção, ao inventário e às vendas.
- Formação intensiva das chefias intermédias e dos operadores para lidarem com as novas interfaces e procedimentos.

2. **Fase II: Automatização e análise preditiva**
   - Adoção de **tecnologias IoT** no chão de fábrica, instalando sensores nas linhas de montagem para monitorizar o desempenho e detetar falhas.
   - Utilização da **IA** para prever a procura e otimizar o inventário, reduzindo os custos de armazenamento e os prazos de entrega.
3. **Fase III: Integração com a experiência do cliente**
   - Desenvolvimento de uma **plataforma digital** onde os clientes podem personalizar o veículo, conhecer o estado da produção em tempo real e solicitar serviços pós-venda.
   - Ligação da plataforma aos sistemas ERP e de análise preditiva, permitindo que a informação flua de e para a fábrica sem interrupções.

9.1.3 Liderança e gestão da mudança

O gabinete de transformação digital (DTO) actuou como um catalisador, alinhando os gestores de logística, produção e TI. Além disso, a liderança sublinhou a cultura de colaboração e a necessidade de partilhar informações entre departamentos, oferecendo incentivos às equipas que excedessem os objectivos de adoção de tecnologia.

- **Aplicação do modelo de Lewin**:
  - **Descongelamento**: Briefings sobre a urgência de ser competitivo, apresentando estudos de casos da indústria e projecções de mercado.

- **Mudança**: Implementação gradual em cada fábrica, com as equipas-piloto a divulgarem os seus sucessos e resultados às restantes.
- **Recongelamento**: Ajustes aos manuais operacionais, avaliação do desempenho ligada à adoção digital e um sistema de reconhecimento interno para os "campeões da inovação".

9.1.4 Resultados e lições aprendidas

- **Redução de 15%** dos custos logísticos através da sincronização da produção com a procura efectiva.
- **Redução de 20%** nos prazos de entrega, graças à análise preditiva que evitou estrangulamentos.
- **Maior satisfação do cliente**, que valoriza a transparência no fabrico e a possibilidade de personalizar o seu veículo.

Principais lições:

- **A integração de sistemas** exige um forte empenhamento da gestão e a adaptação cultural de todas as áreas envolvidas.
- **A visibilidade em tempo real** (IoT + analítica) multiplica a eficiência operacional, mas exige uma liderança que promova a capacitação e a colaboração interfuncional.
- Incluir o **cliente** no processo digital acrescenta valor e cria lealdade, consolidando a diferenciação em relação aos concorrentes.

9.2 Estudo de caso 2: A banca e a automatização dos processos

9.2.1 Contexto e objectivos

Um banco de média dimensão com operações nacionais reconheceu a urgência de modernizar os seus sistemas de atendimento ao cliente e automatizar os processos de back-office. A concorrência das fintechs e as crescentes expectativas dos utilizadores em relação aos serviços digitais impulsionaram a adoção de tecnologias de automatização de processos robóticos (RPA) e de inteligência artificial para o serviço de apoio ao cliente.

- **Desafios**:
  - Custos operacionais elevados para os procedimentos manuais (abertura de contas, análise de documentação).
  - Clientes insatisfeitos com a lentidão no processamento de empréstimos e consultas.
  - Talentos com poucas competências digitais, receosos de serem deixados para trás.

9.2.2 Processo de digitalização

1. **Diagnóstico interno**
   - Auditoria de processos-chave, identificando oportunidades de automatização (verificação de dados, consolidação de informações financeiras).
   - Inquéritos ao pessoal sobre competências digitais e disponibilidade para a mudança.
2. **Implementação da RPA**
   - Bots que tratavam de tarefas repetitivas em sistemas antigos, como a revisão de formulários e a integração de dados em diferentes plataformas.
   - Redução de 30% no tempo de resposta para determinadas operações de back-office.
3. **Serviço ao cliente através da IA de conversação**
   - Chatbots e voz virtual para resolver questões frequentes, libertando os agentes humanos para casos complexos ou vendas cruzadas.

  - Integração de plataformas de mensagens para atingir públicos mais jovens.

9.2.3 Gestão de talentos e formação

A resistência à mudança foi atenuada por um **programa de formação interna** em módulos curtos:

- **Noções básicas de automatização**: mostrar que os bots aliviam a carga rotineira, abrindo espaço para tarefas de maior valor.
- **Literacia de dados**: Análise de relatórios sobre a atividade dos bots e propostas de melhoria.
- **Melhoria das qualificações**: alguns cargos administrativos tornaram-se "especialistas em automatização", com formação para configurar e monitorizar bots.

9.2.4 Principais realizações e lições aprendidas

- **Aumento de 25%** na satisfação do cliente, medida por inquéritos pós-serviço.
- **Concentrar o talento humano** em aconselhamento financeiro mais complexo, em vez de tarefas repetitivas.
- **Mudanças culturais** que revalorizaram a aprendizagem ao longo da vida e a perceção da tecnologia como um aliado.

Principais lições:

- **A automatização de processos** liberta recursos para tarefas mais complexas e com maior impacto na empresa.
- Um **plano de atualização de competências** eficaz reduz o medo da obsolescência e liga a visão estratégica ao desenvolvimento profissional dos trabalhadores.
- **Os chatbots** e os canais virtuais melhoram a satisfação do cliente, mas exigem uma monitorização constante da qualidade da interação e correcções de possíveis enviesamentos na IA.

9.3 Estudo de caso 3: A reconversão cultural de uma editora

9.3.1 Antecedentes

Uma editora com várias décadas no mercado, conhecida pelo seu catálogo impresso e pela sua rede de livrarias físicas, enfrentou a disrupção da venda de livros online e a ascensão dos livros electrónicos. A sua direção decidiu **redefinir o modelo de negócio**, explorando plataformas digitais e reconfigurando a cadeia de valor.

- **Problema central**:
    - Diminuição das vendas de produtos impressos, nomeadamente nos mercados internacionais.
    - Estrutura departamentalizada, com resistência dos editores e do pessoal sénior à digitalização.

9.3.2 Estratégia de transformação

A editora adoptou uma **abordagem de design thinking** para reimaginar a sua proposta de valor:

1. **Pesquisa de leitores**
    - Inquéritos e grupos de reflexão nos mercados estrangeiros, identificando o gosto crescente pelos livros electrónicos e pelas plataformas de venda em linha.
    - Reconhecimento de segmentos que valorizam livros físicos de alta qualidade ou livros com conteúdo especial.
2. **Desenvolvimento de uma plataforma de comércio eletrónico**
    - Portal Web para a aquisição de títulos em formato físico e digital, com ferramentas de análise e partilha social.
    - Integração com sistemas de logística para uma entrega rápida e um acompanhamento em tempo real.

3. **Parcerias com plataformas de distribuição digital**
    - o Inclusão do catálogo em portais mundiais.
    - o Categorização e metadados optimizados para melhorar a classificação na pesquisa online.

9.3.3 Repensar a cultura e as estruturas

Para quebrar a resistência interna, foi promovida:

- **Formação em marketing digital** e análise de dados para editores e gestores de vendas.
- **Equipas multifuncionais** reuniram editores, designers e especialistas em TI, lançando colecções com base em dados de vendas em tempo real.
- **Alterações nos indicadores de desempenho**: Deixámos de medir apenas a tiragem de livros físicos e passámos a valorizar também a adoção de novos formatos e a colaboração em plataformas digitais.

9.3.4 Resultados e principais lições aprendidas

- **Aumento de 40%** das vendas em linha em dois anos, compensando o declínio das livrarias físicas.
- **Maior dinamismo** editorial: lançamentos digitais com custos mais baixos e prazos de execução mais rápidos.
- **Revalorização da experiência de impressão**: colecções especiais e ligações de aplicações interactivas aumentaram as margens de lucro e a fidelidade.

Principais lições:

- **A cultura** é crucial para que a transformação digital revitalize as indústrias tradicionais.
- **O design thinking** ajuda a centrar a inovação nas necessidades reais dos clientes.

- A alteração dos **indicadores de desempenho** e o reforço da formação interna ajudam os trabalhadores a encarar a digitalização como uma oportunidade.

9.4 Estudo de caso 4: Lições da Ford e da General Electric

9.4.1 Antecedentes

A Ford e a General Electric destacaram-se como empresas globais que implementaram transformações digitais bem sucedidas nos seus respectivos sectores. Estes exemplos são instrutivos, embora nem sempre possam ser reproduzidos em empresas mais pequenas ou em sectores completamente diferentes. Ainda assim, as suas histórias fornecem lições valiosas sobre a importância da adaptação organizacional e do alinhamento entre a tecnologia e a estratégia empresarial.

- **Ford**: Reconhecida por integrar soluções de automação e tecnologias conectadas nos seus processos de fabrico, bem como por remodelar a experiência do cliente através de plataformas digitais.
- **General Electric**: conhecida pela adoção precoce da IoT industrial e da análise preditiva (com iniciativas como a GE Digital), impulsionando a eficiência no fabrico, nos serviços públicos e na manutenção.

9.4.2 Factores críticos de sucesso

Os processos Ford e General Electric apresentam vários elementos em comum:

1. **Visão transformadora da gestão de topo**
   - A liderança definiu claramente a direção digital e afectou recursos à formação, infra-estruturas e reformulação de processos.
2. **Alinhamento com os objectivos da organização**
   - A tecnologia foi integrada de uma forma que reforçou a eficiência e a competitividade, evitando a adoção superficial de soluções apenas para "seguir a tendência".

- Os investimentos centraram-se em projectos com retornos tangíveis e naqueles que reforçam a cultura da inovação.

3. **Foco na cultura e nas pessoas**

    - Reconhecendo a resistência à mudança, foram promovidos programas de atualização e requalificação de competências.
    - Foram criados espaços de co-criação e colaboração para promover um sentimento de pertença e de "apropriação" da mudança entre os trabalhadores.

9.4.3 Críticas e limitações

Apesar da sua relevância, não se deve partir do princípio de que a imitação do modelo Ford ou GE garante o sucesso. Como salientam alguns analistas:

- **Dimensão e recursos**: O que funciona numa empresa global com uma ampla capacidade de investimento pode não ter a mesma escala numa pequena ou média empresa.
- **Diferenças culturais e de mercado**: Cada sector e região tem uma dinâmica única que pode exigir abordagens diferentes à transformação digital.
- **Evolução constante**: Tanto a Ford como a GE passaram por processos de evolução contínua, por vezes com retrocessos e ajustamentos significativos ao longo do percurso.

No entanto, estes casos sublinham a importância de uma liderança visionária, de estratégias bem contextualizadas e de uma apreciação equilibrada da tecnologia e do fator humano.

9.5 Reflexões do capítulo

Os estudos de caso aqui apresentados - desde o fabrico de automóveis à banca e à edição - juntamente com os exemplos icónicos da Ford e da General Electric, mostram a diversidade de abordagens que coexistem sob a égide da transformação digital. Embora cada organização se debata com desafios específicos, existem denominadores comuns:

- **A liderança** é um fator determinante: comunica a visão, gere as resistências e promove a cultura da inovação.
- A adoção **gradual** da tecnologia e a medição constante dos resultados garantem a consistência e a credibilidade da mudança.
- **A formação e a reformulação dos indicadores** geram o empenhamento e a apropriação por parte do pessoal.
- **A tecnologia deve ser alinhada com objectivos** comerciais **concretos**, evitando "saltos tecnológicos" superficiais que não acrescentam valor real.

Estas histórias de sucesso (e, por vezes, de retrocesso) confirmam que a transformação digital não é um fim em si mesmo, mas um caminho de evolução contínua, marcado pela perspetiva humana, pela colaboração e pela capacidade de adaptação a novas disrupções. O último capítulo retomará as principais linhas deste trabalho, propondo uma síntese de lições e recomendações para os líderes que procuram orientar as suas organizações para um futuro digital sustentável e centrado nas pessoas.

Capítulo 10: Desafios futuros e tendências emergentes

A transformação digital é um processo em constante evolução, impulsionado pelo rápido progresso tecnológico e pelas mudanças socioeconómicas que remodelam os modelos de negócio. Embora os capítulos anteriores tenham descrito os elementos-chave da liderança, as estratégias de adoção e as histórias de sucesso, é essencial analisar os desafios que se avizinham e as tendências emergentes que irão definir a agenda para a próxima década. Este capítulo explora as forças que conduzirão a liderança digital a novos horizontes, fornecendo informações sobre a forma como os líderes se podem preparar para um futuro empresarial caracterizado pela incerteza e pela inovação contínua.

10.1 O horizonte tecnológico

10.1.1 Expansão da IA e da robótica colaborativa

A inteligência artificial (IA) evoluiu da automatização de tarefas específicas para sistemas capazes de processar linguagem natural, aprender com ambientes complexos e tomar decisões com um elevado grau de autonomia. Prevê-se que estas capacidades continuem a ser integradas na vida quotidiana das organizações:

- **IA explicável**: surgirão pedidos de transparência nos algoritmos, exigindo que as máquinas "expliquem" o seu raciocínio para criar confiança e atenuar potenciais preconceitos.
- **Robótica colaborativa (cobots)**: A interação homem-máquina tornar-se-á mais fluida em sectores como o fabrico avançado, a logística e os serviços. O desafio será conceber espaços de trabalho seguros e harmoniosos onde as pessoas e os robots unam forças.

10.1.2 Metaverso e Realidade Alargada

A fronteira entre o físico e o virtual vai esbater-se com a incorporação maciça de tecnologias de realidade virtual (RV) e de realidade aumentada (RA) em domínios como a formação, o serviço ao cliente e a colaboração à distância. O metaverso, entendido como um espaço virtual partilhado, oferece possibilidades de interação sem precedentes:

- **Novos modelos de negócio** baseados em experiências imersivas, espaços virtuais para reuniões e apresentações, ou mesmo a venda de activos digitais (NFT).
- **Desafios em matéria de governação** e cibersegurança, uma vez que a convergência do físico e do digital pode expor os utilizadores a riscos de privacidade ou fraude se não forem estabelecidas regras claras.

10.1.3 Computação quântica

Embora ainda numa fase exploratória, a computação quântica promete resolver problemas computacionais exponencialmente mais complexos do que os que podem ser resolvidos com a computação clássica. Isto pode acontecer:

- **Revolucionar a análise de dados**: permitir o processamento de volumes colossais de informação em áreas como a farmacêutica, a financeira e a logística.
- **Gerar novas vulnerabilidades** na criptografia, pondo em risco a segurança da informação se não forem desenvolvidos algoritmos resistentes à computação quântica.

10.2 A evolução dos modelos de negócio

10.2.1 Plataformas digitais e ecossistemas de colaboração

A ideia de plataformas como centros de negócios (por exemplo, mercados, redes sociais, centros de serviços) não só continuará a crescer como se tornará mais sofisticada:

- **Ecossistemas multissectoriais**: empresas de diferentes sectores colaborarão através de plataformas partilhadas para fornecer soluções completas aos clientes.

- **Expansão da "servitização"**: onde antes se vendia um produto, agora vende-se um serviço contínuo (por exemplo, software como um serviço, maquinaria industrial com manutenção inteligente).

10.2.2 Economia circular e sustentabilidade

A pressão social e regulamentar para adotar práticas sustentáveis irá intensificar-se. A digitalização pode atuar como um catalisador da economia circular:

- **Análise do ciclo de vida** em tempo real para minimizar a pegada ambiental em cada fase da produção e distribuição.
- **Novas oportunidades de negócio** ligadas à reutilização, reciclagem e partilha de bens, possibilitadas por plataformas tecnológicas.

10.2.3 FinTech e descentralização financeira

A descentralização financeira (DeFi) e a ascensão de tecnologias como a cadeia de blocos continuarão a remodelar as transacções bancárias e económicas:

- **Pagamentos globais e contratos inteligentes** para eliminar os intermediários, acelerar a liquidez e reduzir os custos.
- **Microfinanciamento digital** que capacita sectores mal servidos pela banca tradicional.
- **Regulamentação dinâmica** para equilibrar a inovação com a proteção dos utilizadores, os controlos antifraude e a estabilidade monetária.

10.3 Desafios organizacionais e de liderança

10.3.1 Gestão global da cibersegurança

Quanto mais os processos são automatizados e a interconectividade aumenta, maior é a exposição a ciberataques. Os líderes devem evoluir para uma abordagem de segurança holística, que considere não apenas os aspectos técnicos, mas também os aspectos técnicos:

- **Formação contínua** dos empregados em práticas seguras (palavras-passe, phishing, ransomware).
- **Planos de contingência** e de ciber-resiliência, incluindo cenários de rutura total e estratégias de recuperação rápida.
- **Ética e responsabilidade** no tratamento de dados confidenciais, respeitando a privacidade dos clientes e colaboradores.

10.3.2 Talento digital e lacunas de competências

A procura de talentos digitais (cientistas de dados, especialistas em IA, programadores de soluções na nuvem, etc.) ultrapassará a oferta disponível em muitos mercados de trabalho, criando pressões salariais e uma concorrência feroz para recrutar os melhores talentos.

- **Estratégias internas de retenção e desenvolvimento**: As organizações que criam e dimensionam as suas próprias equipas terão uma vantagem na redução da dependência do recrutamento externo.
- **Diversidade e inclusão**: A procura de talentos de populações sub-representadas pode ser uma forma de atenuar a escassez de competências, promovendo simultaneamente uma cultura inovadora.

10.3.3 Novo contrato psicológico com os trabalhadores

A quarta revolução industrial traz incertezas quanto à estabilidade do emprego, à robotização das tarefas e à adoção de metodologias ágeis que perturbam os conceitos de hierarquia e carreira. A liderança terá de:

- **Reconfigurar a proposta de valor** para os trabalhadores, oferecendo planos de carreira flexíveis, formação contínua e ambientes de trabalho mais colaborativos e autónomos.
- **Promover o bem-estar e a coesão** em organizações mais dispersas, híbridas ou remotas, evitando a desconexão ou o esgotamento digital.

10.4 Rumo a uma liderança ética para o bem comum

10.4.1 Responsabilidade social e governação algorítmica

A digitalização em massa e a IA levantam implicações éticas sem precedentes. Num futuro próximo, assistiremos a uma procura de liderança capaz de:

- **Regulamentar** a conceção e a utilização de algoritmos, tendo em vista a equidade, a não discriminação e a transparência.
- **Equilíbrio entre** os interesses da empresa e a proteção dos dados pessoais e a dignidade dos utilizadores ou clientes.
- **Promover a sustentabilidade** e o bem comum, garantindo que os benefícios da tecnologia sejam distribuídos de forma equitativa e não agravem as clivagens sociais.

10.4.2 Reconfigurar a dimensão humana

Paradoxalmente, à medida que a tecnologia avança, o fator humano torna-se mais valioso em áreas como a criatividade, a tomada de decisões complexas, a empatia e a colaboração interdisciplinar. O líder do futuro terá de:

- **Cultivar a inteligência emocional** na organização, criando um ambiente de confiança e autonomia que favoreça a inovação.
- **Inspirar com visão**: Quando a automatização é capaz de executar grande parte das tarefas, o papel do líder é dar uma direção e um sentido de objetivo que motive as pessoas para além do puramente instrumental.

10.5 Reflexões do capítulo

As perspectivas para as próximas décadas combinam avanços tecnológicos dramáticos com grandes desafios éticos e organizacionais. A IA, a realidade alargada, a computação quântica e os novos modelos de negócio baseados em plataformas e na descentralização prometem transformar radicalmente os sectores. No entanto, essas transformações exigem uma liderança capaz de equilibrar a eficiência com a equidade, a inovação com a responsabilidade e o imediatismo com uma perspetiva de longo prazo.

Neste sentido, a adoção de tecnologias emergentes não pode ser vista isoladamente, mas sim como parte de uma estratégia abrangente em que a cultura e a ética organizacionais são fundamentais. Os líderes que compreendem esta realidade e estão dispostos a ajustar as dinâmicas de poder, as estruturas de trabalho, o desenvolvimento de talentos e os modelos empresariais terão mais probabilidades de navegar com êxito no futuro digital.

À luz dos capítulos anteriores, reafirma-se a importância de uma liderança global que combine competências digitais, inteligência emocional, pensamento crítico e uma abordagem inclusiva, reconhecendo que a mudança constante é o novo normal. Com a responsabilização e a colaboração como guias, as organizações podem transformar estes desafios em oportunidades, impulsionando o crescimento sustentável e uma transformação digital humanizada e coerente com os valores da sociedade.

O caminho para a maturidade digital envolve uma exploração contínua, uma vontade de experimentar e aprender e a firme convicção de que as pessoas, quando capacitadas e valorizadas, são o ativo mais estratégico na era da automação e da inteligência artificial.

Capítulo 11 - Conclusões e recomendações gerais

A era digital trouxe mudanças profundas aos modelos de negócio, à cultura organizacional e à forma como a liderança é exercida. Ao longo dos capítulos, foram abordados elementos-chave para compreender e orientar com êxito **a transformação digital**: desde a importância da visão estratégica e da gestão da mudança até à necessidade de equilibrar a adoção de tecnologia com a preservação e o crescimento das capacidades humanas. Este **capítulo final** apresenta uma síntese das principais conclusões e **recomendações** concretas para líderes e organizações que procuram prosperar num ambiente global altamente competitivo e tecnologizado.

11. Principais conclusões

11.1 A transformação digital é um processo abrangente

A digitalização dos processos, a implementação da IA e a automatização não podem ser vistas como projectos isolados, mas sim como parte de um processo holístico que engloba a estratégia, a cultura e a experiência dos funcionários e dos clientes. Esta visão holística é fundamental para alinhar os esforços tecnológicos com os principais objectivos empresariais.

11.1.2 A liderança global exige novas competências

Os líderes da era digital devem desenvolver uma liderança híbrida, combinando:

- Competências digitais e compreensão das tecnologias emergentes.
- Competências emocionais e sociais (empatia, comunicação, motivação).
- Adaptabilidade, criatividade e pensamento estratégico.

A transformação digital já não é uma questão puramente tecnológica, mas um desafio de liderança holística, em que a visão e a gestão da mudança são tão importantes como a adoção de novas ferramentas.

11.1.3 A cultura organizacional é o substrato da inovação

A cultura é o fator que pode acelerar ou dificultar a adoção de inovações. Uma organização que valorize a colaboração, a aprendizagem contínua e a confiança entre os seus membros estará mais bem preparada para assimilar as mudanças provocadas pela digitalização. No entanto, a criação ou o reforço desta cultura requer:

- Liderança empenhada e exemplar.
- Programas de formação e apoio.
- Mudanças estruturais que reflectem e sustentam as novas práticas.

11.1.4 A resistência à mudança é natural, mas não intransponível

A resistência surge quando as pessoas receiam perder o seu papel, a sua relevância ou a segurança das rotinas que dominam. O Modelo de Mudança Organizacional de Lewin, juntamente com abordagens como a Liderança Transformacional de Bass, mostram que o descongelamento de mentalidades, a introdução da mudança com acompanhamento e a consolidação de novas práticas (recongelamento) são passos essenciais. A comunicação eficaz, a participação ativa e a formação adequada diminuem significativamente esta resistência.

11.1.5 A ética e a sustentabilidade surgem como imperativos

A utilização maciça de dados, a automatização e a convergência de tecnologias (IA, IoT, metaverso, etc.) levantam dilemas éticos e sociais que os líderes devem abordar de forma responsável. A responsabilidade algorítmica, a proteção da privacidade, a inclusão digital e o impacto ambiental são questões que não podem continuar a ser ignoradas se aspirarmos a uma transformação digital humanizada e sustentável.

11.2 Recomendações para a prática

11.2.1 Desenvolvimento de um roteiro estratégico e flexível

- **Clarificar os objectivos** de transformação (eficiência, inovação, diversificação, etc.).
- **Escalonar a adoção de tecnologias** por fases, obtendo "ganhos rápidos" que geram credibilidade e motivação internas.
- **Rever periodicamente** o plano para ajustar as prioridades de acordo com as alterações do mercado ou os desenvolvimentos tecnológicos.

11.2.2 Reforço da liderança híbrida

- **Investir na formação contínua** de gestores e quadros intermédios, combinando competências digitais e competências transversais (inteligência emocional, criatividade, comunicação).
- **Promover a tutoria cruzada**, em que especialistas em tecnologia colaboram com líderes tradicionais para trocar conhecimentos e abordagens.
- **Fomentar a auto-liderança**: capacitar as equipas e os campeões da transformação digital.

11.2.3 Envolver os parceiros no processo de mudança

- **Co-criar soluções** com os utilizadores finais: sessões de reflexão sobre a conceção, equipas de inovação multifuncionais e projectos-piloto que recolhem o feedback do pessoal.
- **Comunicar o objetivo** subjacente a cada iniciativa, associando a digitalização ao bem-estar dos trabalhadores, ao crescimento da empresa e à satisfação dos clientes.
- **Conceber planos de requalificação e melhoria de competências** que reforcem a empregabilidade e reduzam a ansiedade face à automatização.

11.2.4 Estabelecer uma governação tecnológica clara

- **Formar comités de inovação** ou criar um Gabinete de Transformação Digital (DTO) para supervisionar a coerência e a qualidade das iniciativas.
- **Monitorizar a cibersegurança** e a proteção de dados através de políticas e protocolos actualizados, sensibilizando para práticas seguras em toda a organização.
- **Definir indicadores de sucesso** nos domínios económico, processual e cultural (satisfação do cliente, clima organizacional, ROI dos projectos digitais).

11.2.5 Cultivar a ética e a sustentabilidade

- **Adotar uma abordagem de governação algorítmica**, analisando a transparência e a equidade dos modelos de IA.
- **Avaliar o impacto ambiental** das tecnologias implementadas, tendo em conta, por exemplo, a eficiência energética dos centros de dados.
- **Incentivar a inclusão de** pessoas com formações e competências diversas, reconhecendo que a pluralidade de perspectivas reforça a capacidade de inovação e a responsabilidade social.

11.3 Uma visão para o futuro da liderança global

As reflexões finais apontam para a continuidade da transformação digital como um fenómeno inacabado, que evoluirá com a emergência de novas tecnologias (computação quântica, metaverso, robótica avançada) e com as mudanças sociais e económicas que redefinirão as necessidades humanas. Neste contexto, a liderança mundial assumirá desafios ainda maiores para:

1. **Equilibrar a inovação com a dignidade humana**: as ferramentas digitais devem potenciar o talento humano, não o deslocar ou desumanizar.

2. **Manter a coerência cultural**: Assegurar que a tecnologia é utilizada para fins alinhados com a missão da organização, tendo em conta a coesão interna e a relação com a comunidade.
3. **Aprofundar a colaboração inter-organizacional**: A complexidade do ambiente digital convida as empresas a formar alianças, partilhar conhecimentos e co-criar soluções que transcendem as fronteiras sectoriais e geográficas.

Seguindo as recomendações e as lições aprendidas ao longo deste livro, os líderes poderão lançar as bases para uma transformação digital sustentável, em que a inovação tecnológica e o desenvolvimento humano se reforçam mutuamente. Longe de ser um ponto de chegada, a digitalização é um caminho de adaptação contínua, em que cada passo requer uma combinação de inteligência, ética e visão partilhada.

Na medida em que as organizações forem capazes de humanizar a automatização, co-criar com os seus empregados e orientar a tecnologia para o bem comum, estarão preparadas para enfrentar os desafios que se avizinham com determinação e resiliência. Porque, em última análise, o sucesso na era digital reside na capacidade de liderar com objectivos, inspirar confiança na equipa e empenhar-se num progresso que seja genuinamente inclusivo e enriquecedor para os indivíduos e para a sociedade em geral.

Referências

Asatiani, A., Copeland, O. & Penttinen, E. (2023). Decidindo sobre o modelo operacional de automação de processos robóticos: uma lista de verificação para gerentes de RPA. *Business Horizons, 66*(1), 109-121. https://doi.

Avolio, B. J. & Kahai, S. S. (2003). Adding the "E" to E-leadership:: How it may impact your leadership. *Organizational dynamics, 31*(4), 325-338. https://doi.org/10.1016/S0090-2616(02)

Bass, B. M. & Riggio, R. E. (2006). *Transformational leadership* (2ª ed.). Psychology Press.

Chamorro-Premuzic, T. (2021). Os componentes essenciais da transformação digital. *Harvard Business Review, 13*, 1-6. https://hbr.org/2021/11/the-essential-components-of-digital-transformation

Chui, M., Manyika, J. & Miremadi, M. (2016). Onde é que as máquinas podem substituir os humanos - e onde é que (ainda) não podem. *The McKinsey Quarterly*, 1-12.

Chui, M., Manyika, J., Miremadi, M., Henke, N., Chung, R., Nel, P. & Malhotra, S. (2018). *Notes from the AI frontier: Insights from hundreds of use cases*. McKinsey & Company. https://www.

Cortellazzo, L., Bruni, E. & Zampieri, R. (2019). O papel da liderança em um mundo digitalizado: uma revisão. *Fronteiras em psicologia, 10*, 456340. https://doi.

Deloitte Insights (2020). *2020 global technology leadership study*. Deloitte Touche Tohmatsu Limited. https://www2.

Deng, C., Gulseren, D., Isola, C., Grocutt, K. & Turner, N. (2023). Transformational leadership effectiveness: an evidence-based primer. *Human Resource Development International, 26*(5), 627-641. https://doi.org/10.1080/13678868.2022.2135938

Endrejat, P. C. & Burnes, B. (2024). Draw it, check it, change it: revivendo a Topologia de Lewin para facilitar a teoria e a prática da mudança organizacional. *The Journal of Applied Behavioral Science, 60*(1), 87-112.

Fórum Económico Mundial (2021a). *Relatório sobre a Governação Tecnológica Mundial 2021.* https://www.

Fórum Económico Mundial (2021b). *Aproveitar a tecnologia para os objectivos globais.* https://www3.

Hoffmann, V. (2007). Resenha do livro: Cinco edições (1962-2003) de Everett ROGERS: Diffusion of Innovations. *The Journal of Agricultural Education and Extension, 13*(2), 147-158.

Kane, G. C., Palmer, D., Phillips, A. N., Kiron, D. & Buckley, N. (2015). *A estratégia, e não a tecnologia, impulsiona a transformação digital*. MIT Sloan Management Review. https://sloanreview.

Khan, S. (2016). Liderança na era digital: um estudo sobre os efeitos da digitalização na liderança da gestão de topo. Escola de Gestão de Estocolmo

Klus, M. F. & Müller, J. (2021). O líder digital: o que é necessário para dominar os desafios organizacionais de hoje. *Journal of Business Economics, 91*(8), 1189-1223.

Mendenhall, M. E., Reiche, B. S., Bird, A. & Osland, J. S. (2012). Definindo o "Global" na Liderança Global. *Journal of World Business, 47*(4), 493-503.

Powell, B. J., Beidas, R. S., Lewis, C. C., Aarons, G. A., McMillen, J. C., Proctor, E. K. & Mandell, D. S. (2017). Métodos para melhorar a seleção e a adaptação das estratégias de implementação. *The journal of behavioral health services & research, 44*(2), 177-194.

Rogers, E. M. (2003). *Diffusion of innovations* (5ª Ed). Free Press.

Rogers, E. M., Medina, U. E., Rivera, M. A. & Wiley, C. J. (2005). Complex adaptive systems and the diffusion of innovations. *The innovation journal: the public sector innovation journal, 10*(3), 1-26.

Ross, J. W. & Beath, C. M. (2002). *Beath, C. M. (2002). Beyond the business case: New approaches to IT investment*. MIT Sloan School of Management, Center for Information Systems Research.

Ross, M. & Taylor, J. (2021). Gerir ferramentas de tomada de decisão de IA. *Harvard Business Review, 1*(1), 11-27. https://hbr.org/2021/11/managing-aidecision-making-tools

Sambamurthy, V., Bharadwaj, A. & Grover, V. (2003). Shaping agility through digital options: Reconceptualizing the role of information technology in contemporary firms. *MIS quarterly, 27*(2), 237-263. http://dx.

Schwartz, T. & McCarthy, C. (2007). Gerir a sua energia, não o seu tempo. *Harvard business review, 85*(10), 63.

Sheninger, E. (2019). Liderança digital: Mudança de paradigmas para tempos de mudança. Corwin Press.

Van Oorschot, J. A., Hofman, E. & Halman, J. I. (2018). Uma revisão bibliométrica literatura sobre adoção de inovação. *Technological Forecasting and Social Change, 134*, 1-21.

Vanderslice, S. (2000). Listening to Everett Rogers: Diffusion of innovations and WAC. *Language and Learning Across the Disciplines, 4*(1), 22-29.

Printed by Books on Demand GmbH, Norderstedt / Germany